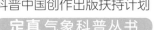
科普中国创作出版扶持计划

定真气象科普丛书

中国科普研究所
2021年委托项目（210107ECP047）研究成果

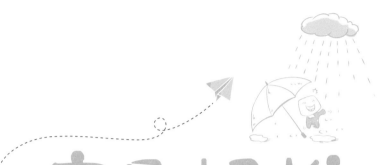

寒暑相推

解析二十四节气

朱定真 武蓓蓓 张金萍 编著

U0157915

气象出版社
China Meteorological Press

图书在版编目（CIP）数据

寒暑相推：解析二十四节气 / 朱定真，武蓓蓓，张
金萍编著. -- 北京：气象出版社，2022.8
　（定真气象科普丛书）
ISBN 978-7-5029-7729-0

Ⅰ. ①寒… Ⅱ. ①朱… ②武… ③张… Ⅲ. ①二十四
节气－普及读物 Ⅳ. ①P462-49

中国版本图书馆CIP数据核字（2022）第096220号

寒暑相推——解析二十四节气
Hanshu Xiang Tui—Jiexi Ershisi Jieqi

出版发行：气象出版社

地　　址：北京市海淀区中关村南大街 46 号　　邮政编码：100081

电　　话：010-68407112（总编室）　　010-68408042（发行部）

网　　址：http://www.qxcbs.com　　E－mail：qxcbs@cma.gov.cn

责任编辑：周　露　　　　　　　　　　终　　审：吴晓鹏

责任校对：张硕杰　　　　　　　　　　责任技编：赵相宁

封面设计：艺点设计　　　　　　　　　插图绘制：李姝琦

印　　刷：北京地大彩印有限公司

开　　本：710 mm × 1000 mm　　1/16　　　印　　张：6

字　　数：78 千字

版　　次：2022 年 8 月第 1 版　　　　　印　　次：2022 年 8 月第 1 次印刷

定　　价：30.00 元

本书如存在文字不清、漏印以及缺页、倒页、脱页等，请与本社发行部联系调换

序

不论走到哪儿，天气都伴随着我们，但天气现象是复杂多变的，需要科普为我们架起认识它的桥梁。优秀的科普图书是这座大桥的坚实基础，可以帮助我们感受气象科学精神、树立气象科学思想、掌握基本气象科学知识和方法，并提高和增强应用其分析判断事物和解决实际问题的能力。创作优秀的科普图书，普及气象科学知识，提高全民气象科学素养，促进科技创新与科学普及两翼齐飞，是提高全民科学素质的重要内容，也是实施国家创新驱动发展战略的必然要求。

气象科学博大精深，其中与日常生产生活关系最密切的是防灾减灾救灾和应对气候变化知识。我国是世界上受气象灾害影响最严重的国家之一，气象灾害种类多、影响范围广、发生频率高，所造成的损失占自然灾害损失的 70% 以上。特别是在全球变暖的背景下，气象灾害所造成的损失和影响更大，已成为防灾减灾救灾工作的重点。气候变化对自然系统和社会系统都产生了重要影响，已经拉响了"全人类的红色警报"，像持续的海平面上升等变化在数百到数千年内都是不可逆转的。未来，气候变化带来的负面影响程度和风险将加深加重。全球变暖还使得极端天气出现的频率增加。因而，树立极端天气常态化意识，做足常态化防御准备，已经刻不容缓。在这种趋势下，年轻人将成为受气候变化影响最大的人群，因此，越来越多的公众特别是青少年更加关注天气与气候变化，渴望了解更多更新的气象知识。

本书主笔朱定真已从事气象预报、服务和管理工作40余年，是中国科协第六批全国首席科学传播专家，曾荣获2015年中国"十大科学传播人"称号。年轻时，他是一名天气预报员，现已成为活跃在荧屏上年纪最长的"气象主播"。每逢重大气象灾害发生，他就会作为气象专家在媒体上解读天气，在报道我国灾害特征、普及防灾避险知识、明辨天气事实等方面发挥了重要的科学传播作用，影响数亿观众和网民。他始终以传播气象科学知识为己任，如今，他带着40余年积累的气象科学实践和公众科学传播经验，与来自文学、科普等领域的专业人士深度合作，选取多年来在气象科普工作中遇到的公众提问频率最高、舆论场里最热门、与生活密切相关但又容易混淆的问题，深入浅出做出解答，以飨读者。这些问题被归为气象现象、身边气候、生活气象、二十四节气四大类，每类自成一册，四册凝结成"定真气象科普丛书"。

丛书遵照"三分钟了解一个气象话题"的理念，以问题为主线，站在天气预报员的视角，形象化地解答生涩的气象科学问题，内容贴近生活，解读角度新颖，语言通俗晓畅，便于读者轻松阅读。本套丛书的出版不仅能满足读者探索气象奥秘的求知欲，让大家知其然并知其所以然，而且能切实提升大家防范气象灾害的能力和保护生态环境、应对气候变化的意识，传承"天人合一"的思想，践行"绿水青山就是金山银山"的理念。相信广大读者阅读该套丛书后一定会有所收获。

丁一汇

（中国工程院院士）

2022 年 2 月

地球被我们赖以生存的大气包围。这层大气就像地球的外套，既创造了孕育生命的条件，也造就了万千气象。与厚达 6371 千米的地球半径相比，大气层只有数百千米高，"天高"还是"地厚"一目了然。但是，大气层的状态和变化时时处处影响着人类，风霜雨雪、四时之景也给人类带来了丰富的喜怒哀乐。从自古流传的"二十四节气"到如今热议的"气候变化"，从神秘惊恐到赋诗赞美，从观察记录到预报预测，从大力抗争到有效利用，人们一直想弄清楚大气层中已经和将要发生的事情以及它与生产生活的联系。随着科学技术的进步，"天有不测风云"一定会成为过去。但在可预见的未来，天气预报仍然无法达到百分之百准确，这便是大气层的神秘。她成就了地球万物，时而愤怒、时而温柔的个性又似乎在教授人类合理利用气象资源的规矩。为了让生命更安全、生活更美好，我们需要不断加深对大气层的认识，适应她、呵护她、利用她。

"定真气象科普丛书"（以下简称"丛书"）从科普实践中最常遇到的问题入手，围绕生态文明建设、气象防灾减灾、应对气候变化等热点，结合天气预报员实战经验，紧贴日常生产生活，运用轻松有趣的语言，引导读者了解天气气候现象背后的科学知识，视角新颖、案例翔实、语言通俗，便于读者由浅入深地走进气象科学。

　　丛书共四册。《云谲波诡——看懂气象现象》聚焦与百姓生活关系最密切的霾、高温、台风、沙尘暴、倒春寒、秋老虎等气象现象，揭秘其形成原因和可能造成的影响，让大家看天气预报看得更明白、看了以后更清楚该怎么做。《冷暖更迭——探秘身边气候》通过"气候变暖的三胞胎""郑和是被什么风吹回来的""风被'偷'了吗"等有趣话题，解析常常困扰我们的气候谜题，并厘清了一些容易混淆的概念。《风雨同行——走进生活气象》剖析了气象是如何像双刃剑一样影响环境、农业、军事、交通、体育、健康等，并且提供了大量运用气象科学提高生活安全性和品质的小贴士。《寒暑相推——解析二十四节气》从天气预报员的角度看节气，随时间推演，呈现出一个个节气的美丽画卷，剖析其物候、时令对应的天气气候现象和气象科学原理，介绍其对生产生活的影响，解释围绕二十四节气的民俗谚语，消除常见误解。

丛书可以帮助读者认识中国的气象灾害和天气气候现象，为我们应对全球持续变暖和极端天气事件带来的灾害提供必备科学知识，也可以为气象爱好者们了解气象科学概念和原理提供参考，还可以帮助更多人深入理解气候系统和自然生态系统"山水林田湖草沙冰"相互依存的关系以及"人与自然生命共同体"的理念，激发大家共同呵护地球家园的热情。

在撰写本书的过程中，丁一汇院士、尹传红老师给予了珍贵的指导帮助，谨此向他们致以衷心的感谢。

朱定真

2022 年 2 月

目录

源自黄河流域的古代科学智慧

　　"春雨惊春清谷天，夏满芒夏暑相连。秋处露秋寒霜降，冬雪雪冬小大寒。"这是一首朗朗上口的节气歌，唱的是"中国第五大发明"——二十四节气。2016 年 11 月 30 日，联合国教科文组织保护非物质文化遗产政府间委员会通过决议，将中国申报的"二十四节气——中国人通过观察太阳周年运动而形成的时间知识体系及其实践"列入人类非物质文化遗产代表作名录。这意味着，中华文化中又多了一项被世界认可的文化遗产，也鼓舞着我们继续关注、传承、发扬二十四节气所承载的中华文化。

　　二十四节气由我国古人总结发明，沿用至今，已经融入了我们生活的方方面面。从气象学角度看，二十四节气带来的规律性认识对现代气候学应用也有很多借鉴启示。所以，"二十四节气"既有现实生活意义，也有气候科学意义，被称为认知气象的"活化石"。

二十四节气是怎样形成的？

　　二十四节气是中国劳动人民长期的经验积累成果和科学智慧结晶，于中国先秦时期开始订立，至汉代完全确立。它是一套通过观察太阳周年运动，认知一年中时令、气候、物候等方面变化规律所形成的知识体系。它将观察到的太阳周年运动轨迹划分为 24 等份，分别对应太阳在黄道上每运动 15° 所到达的一定位置。24 个节气代表着地球在公转轨道上 24 个不同的位置，每一等份为一个节气，周而复始。它既是历代官府颁布的时间准绳，也是用来指导农事的补充历法，帮助人们在日常生活中预知冷暖雨雪。

二十四节气是中国古人认识世界、认识自然的智慧产物。古人先贤很早就注意到太阳运行与气候变化之间有很强的联系，于是开始观测太阳。最早的观测方法是"土圭法"，即将一根木杆直立在地面上，通过观察木杆影子的长短、移动规律等，了解四季轮替、确定年月日时。古人最早认识的节气——冬至和夏至，就是这样确定的。

经过长期观测，古人总结了地球和太阳的运动规律，确定了日月星辰的变化与气候（主要是物候）的自然变化之间的关联，并和人们的生产生活相结合，逐步形成了二十四节气的雏形。最早的农事历《夏小正》里有启蛰（惊蛰）、夏至、冬至三个节气。战国时期的《吕氏春秋》里有立春、日夜分、立夏、日长至、立秋、立冬、日短等。其中，"日长至"指白昼最长的一天，也就是夏至；"日短"指白昼最短的一天，也就是冬至。及至西汉，就有了与今日类似的二十四节气。西汉的《淮南子》按"斗转星移"的原则，根据北斗星斗柄的指向，从冬至日开始，将一个回归年等分为 24 段，以反映气候、物候和农事特征，从而形成一个完整的指时系统。《淮南子》以阴阳二气的消长为理论依据，对二十四节气的气候意义作了准确的描述。例如，书中认为，冬至和夏至分别是阴阳二气盛衰转换的枢纽，这被认为是对我国气候意义上季风的最早认识。至此，能够系统综合反映季节、气温、降水、水汽凝结、凝华、物候的二十四节气臻于完善。在二十四节气中，反映季节的有立春、立夏、立秋、立冬、春分、秋分、夏至、冬至，反映气温的有小暑、大暑、处暑、小寒、大寒，反映降水的有雨水、谷雨、小雪、大雪，反映水汽凝结和

凝华的有白露、寒露、霜降，反映物候的有小满、芒种、惊蛰、清明。

二十四节气是在农耕时代应运而生的。彼时人们掌握的科学知识极其有限，基本是靠天吃饭。可是苍天神诡，人们只能通过观察天象来为生活和农事活动预测天气气候。总结出二十四节气后，人们便依据它来安排农事活动，并把所有的农事与气候对应的经验都整合到二十四节气的体系中，大大方便了农业技术的传承与传播。这就是古人确定二十四节气的初衷——服务农业生产。

为什么二十四节气可以在我国大范围使用？

时至今日，农事上仍在广泛使用二十四节气，这说明了它的适应性、准确性。当然，也有人说二十四节气不太准，似乎与实际季节错位。这是因为二十四节气体系起源于黄河流域，与当地农业生产生活紧密贴合。一旦离开黄河流域，二十四节气的时节时令多多少少就有偏差了。

黄河流域自古都是农耕发达地区，历代官方对农业生产的注意力也大多集中在这里。所以，在此发源的二十四节气被纳入了历代官方历法，成为朝廷指导农业生产的指南，并被官方推广到其他地区。在黄河流域以外的区域，二十四节气与本地时节上的偏差经过"本地化"修正后，依然可以用来确定和指示季节的变换，犹如英里、千米可以相互转换一样。

二十四节气是否过时了呢？

有人指出，如今科学技术已经发展到很高水平，气象预报也越来越趋向精细化，已经不需要用日历推算天气和气候状况了，加之今天的气候也与古代不同，二十四节气已经没有实用价值了。

事实并非如此。虽然现在气象监测手段进步了，积累的资料增多了，预报精准化水平提高了，但是科学界对天气现象的规律性把握仍然没有达到百分之百准确，仍有许多天气气候知识是通过统计分析历史资料得出的，现代称之为"统计学"。现代气象学使用统计学原理，从尽可能多的样本中寻找规律，与千百年前人们通过连续观测天象、天气气候，比照其对生产生活的影响，并将积累的经验整理出来形成二十四节气的方法如出一辙。因此，二十四节气总结出的内容是具有统计学意义的，至今仍不过时。

同时，尽管上千年过去了，我们整个地球的大气运行规律并没有发生根本变化。目前，二十四节气在很大程度上仍然与黄河流域季节转换过程相符，相邻地方的人们对照二十四节气也仍然可以找出本地对应的规律，特别是农事活动规律。一些与节气相关的天气、气候谚语也依然具有普遍的指导性和实用性。

二十四节气的文化意义和社会意义体现在哪里？

两千年来，二十四节气已经融入中国人民的生产生活和精神文化生活，不仅有农事谚语歌谣，还有诗词歌赋以及配合节气的民俗节庆活动，这些由二十四节气衍生出的文化生活，都是中国优秀传统文化的一部分。不仅古代，在现代社会，二十四节气也已融入我们生活的方方面面。比如，立春时，民间有"打牛"和吃春饼、春盘、咬萝卜等习俗，俗称"打春""咬春"，又叫"报春"。再如，清明节气祭祖、夏至节气吃面、冬至节气吃饺子等。从历史上看，二十四节气早就跨出国门，走向了世

界，影响到朝鲜半岛、日本和东南亚。有的地方虽然季节变换不明显，但那里的人们依然在传承、弘扬二十四节气及附着其上的文化。这种广泛的影响力充分证明了二十四节气的文化价值。二十四节气申报人类非物质文化遗产代表作名录（简称"申遗"）时使用的全称是"二十四节气——中国人通过观察太阳周年运动而形成的时间知识体系及其实践"，这表明世界认同我们古人时间划分方法的科学性，同时也认可这个知识体系下一系列实践活动的意义。

我们应该如何更好地继承这一文化遗产？

二十四节气申遗的过程，正是我们保护和弘扬传统文化的过程。当二十四节气文化受到更多人关注并得到更广泛的传承和传播时，二十四节气的内涵也将不断被挖掘，并发展得更丰富。

二十四节气反映了太阳的周年视运动，是表示自然节律变化的特定节令。气象工作者们非常熟悉这些规律，因此气象人对二十四节气有着特殊的情感。从气象人的角度看，二十四节气反映的气候规律依然可以被当作气象科学知识的一部分。虽然现代科学对气象学很重要，但气象人还有一个工作，那就是研究先人总结的气候特征，了解过去的气候演变规律。二十四节气是古人花了千百年总结出来的，也是古人预报预测天气气候的手段，从这一点来看，我们必须传承它，并尽可能用现代科学方法解读它。运用现代科学解释发展古代科学，有助于我们更好地发扬传统科学文化。

春：切变线影响下的『天街小雨润如酥』

立春："将春"而"未春"

古籍《群芳谱》对立春的解释为："立，始建也。春气始而建立也。阳已有三，阴阳交泰，故曰三阳开泰。"

立春就是入春吗？

"东风解冻蛰始振，鱼陟负冰万物苏。"按节气讲，立春就是春天来了。但是，气象学上判断春天是否来了是有量化指标的——连续5天的平均气温稳定超过10 ℃。这种量化指标是气象科学定义"入春"的门槛（阈值）。

节气上的立春和气象学意义上的入春在时间上往往也有偏差，全国各地的立春节气是同一天，但各地入春的时间却不一样。这是因为我国南北地域跨度较大，气候的冷暖大体上是随着纬度高低分布的。统计数

据表明，除了基本上全年无冬的福州、南宁、广州、海口等地能够在 2 月入春以外，我国大部分地区都要在 3 月以后才自南向北逐渐入春。另外，地球并不是一个规整光滑的圆球，受不同地势、地形作用以及海陆作用、洋流作用的影响，气候带从赤道到两极并非均匀分布，因此，即使同一纬度上的地区也不可能同时入春。例如，近海的地方比起同纬度的内陆而言，冬天更温和、春天反而更寒冷，所以沿海地区的春天要比内陆地区迟来若干天。

就算都入春了，各地物候也不相同。譬如，南方春意绵绵，北方春光急逝，特别是生活在华北地区的人们常常感觉到春季短促——冬天结束不久，夏天就到了。又譬如，早春 3—4 月，南京的桃花要比北京早开 20 天，但是到晚春 5 月初，南京的刺槐花只比北京早开 10 天。

春天天气为何如此善变？

"春天孩儿脸，一天变三变"，春季是一年四季中气温、降水、气压等气象要素变化最无常的季节，善变的天气使人难以适应。春季刚开始时，白天常常是阳光和煦、升温快，带来"暖风熏得游人醉"的感觉；早晚时分，却因为辐射降温加上刚刚开春地面储热不足而寒气袭人，让人倍感"春寒料峭"。从天气学上分析，初春天气多变是因为此时我国上空暖湿气流逐渐活跃，但来自西南方向的稳定季风还没有出现，高空气流以纬向（东西向）环流为主，北方冷空气不易大举南下，只能一小股一小股地南下袭扰一下。如此一来，冷暖空气你来我往，使一个地方的天气忽暖忽冷、忽晴忽阴。若遇上较强的冷空气，很容易使某地前期正在升高的气温猛降 10 ℃以上。也正因为如此，寒潮预警标

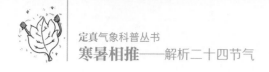
准中的降温幅度要求往往在秋季和初春更容易达到。冬季反而因为气温本身已经很低，不易再降温 10 ℃以上以达到寒潮预警标准。

弱冷空气与暖湿气团交锋还可以形成雨雪天气。"新年都未有芳华，二月初惊见草芽。白雪却嫌春色晚，故穿庭树作飞花。"唐代大诗人韩愈的《春雪》，对此时"节气至，春未到，雪花飘"的气候特点做了生动的描述——纵然天气依然寒冷，穿树飞花的春雪还是已经让人感受到了春天的气息。

春天应注意养生？

立春一日，百草回芽。从中医理论上来讲，春天是一个生发的季节，这个"生发"不是指长头发，而是指一种自然界生长、发育、上升、舒展的状态。中医上也讲"木主春"，"木"就是植物，春主宰着植物的萌芽、生长和曲直变化，以及所有与此类似的事物，包括人体的健康状况。

这一时期，自然界中一草一木都能够敏锐地感受到乍暖还寒，人体更是敏感。从保养身体的角度而言，大家需要特别注意冷暖的变化，尤其是气温变化多端的早春时节，要更加关注当地的天气预报，适时应对。

雨水：雨水有雨年有余

雨水，是一年中的第二个节气，每当说到这个节气，很多人首先想到的就是润物细无声的毛毛雨，以及破土而出、挂着晶莹剔透雨珠的嫩芽。那么雨水节气有什么样的天气特点？像这种滴滴答答的雨声，是不是真的是春天的敲门声呢？

这个季节为什么雨水会增多？

从天气统计学上讲，从雨水节气开始，降雨的频率和数量都会增多。为什么呢？有天上、地下两方面的原因。一方面，天气系统开始活跃起来，降水云系增多了，0 ℃等温线向北退缩，较南的地区已经不下雪转而下雨了。另一方面，开春冰雪融化，土壤里的水分增加，土地湿度大，蒸发量随之增大，促进了云的形成，会引发更多降水。总之，到了雨水节气，形成降水的条件越来越好了。

提起下雨的原因，人们常常听到的是"北方冷空气和南方暖湿空气交汇"。然而，这只是降水的基本条件，实际上"为什么下雨"可不是简单一句话可以说明白的，否则做天气预报就容易多了。在气象学上，能够引起降水的天气系统有冷（暖）锋面、热带（温带）气旋、切变线等，加上不同的大气环流配置、不同季节和不同地势条件助力，会"催生"出千变万化的降水形态，有的温柔，有的暴虐，犹如不同的人有着千差万别的个性和脾气。

从雨水节气开始，南方的暖湿气流活跃起来，植被生长，蒸发量增加。同时，北方的冷空气势力缓慢减弱，但还不时侵扰南方。在这种情况下，南北方的两种气流——干和湿、冷和暖的气流，往往在长江以南、华南南部一带交汇。交汇过程中，在冷暖空气"打架"的地区会出现气流的辐合和对流，特别容易产生降水。而且，这时的暖气流相对稳定，冷空气侵扰一下，就打一次架，带来一场降水。这个时节的热力条件虽然比立春时好，但春季的地面热力条件没有夏季成熟，强对流天气还不多，所以下的多是蒙蒙细雨。恰如朱自清的《春》里描写的那样，"雨是最寻常的，一下就是三两天""像牛毛，像花针，像细丝，密密地斜织着"。因此，到了雨水节气，虽然降水变得频繁了，但总体而言，雨量比较小。

"春雨贵如油"？

"殆尽冬寒柳罩烟，熏风瑞气满山川。天将化雨舒清景，萌动生机待绿田。"经过秋冬少雨干旱季节后，油菜、冬小麦等植物这时开始返青生长，对水分的需求量增加。配合着自南向北农事活动的展开，春雨及时灌溉了华北、西北以及黄淮地区的农田，有利于作物生长。及时的春雨也可以助力草原上牛羊所需的草儿生根发芽，因此有"春雨贵如油"的说法。

惊蛰：小虫"惊醒"为哪般

惊蛰，历史上也曾称为"启蛰"。动物入冬藏伏土中，不饮不食，称为"蛰"。因此，惊蛰，是预示着动物从冬眠中苏醒的节气。"惊蛰过，暖和和，蛤蟆老角唱山歌"就很形象地描绘了环境温度升高后，冬眠动物开始变得活跃的景象。之所以用"惊"字，是因为人们普遍认为，动物是被每年的第一声春雷"震醒"的。

那么，惊蛰这天确实是第一声春雷打响的日子么？雷电具有很强的季节性，主要发生在4—9月，其他月份发生雷电的次数很少。有专家考证过，惊蛰节气与浙江宁波地区常年的初雷日接近，而此时黄河流域的初雷往往还没有发生。比如2020年3月5日惊蛰这天，仅仅在福建、广东、广西的南部有雷电。

"春雷惊醒了沉睡的小虫子"是一个错误说法？

惊蛰节气时，随着气温升高，蛰虫开始苏醒。但并不是所有的昆虫都有听觉，大多数"蛰虫"是不能"听见"雷声的。那么，把昆虫唤醒的到底是什么呢？专家认为是地表温度。对昆虫而言，这个地表温度就是它们冬眠地区土层的温度。冬眠，是昆虫应对不利环境的一种保护性行动。它们冬眠的主要原因有两个：一是环境温度降低，二是食物缺乏。因此，一般地表温度上升到6～10℃时，昆虫就开始苏醒了。还是以2020年惊蛰为例，当天8℃气温线的确已经北抬到了黄淮流域，达到

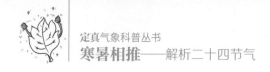
了昆虫苏醒所需的温度。因此，惊蛰时节，冬眠的昆虫苏醒是因为当地温度达到了一定的标准，并不是雷声把它们惊醒的。

既然昆虫不是被惊醒的，那为什么这一节气叫惊蛰呢？据考证，惊蛰这个节气名最早叫"启蛰"，本身并没有雷声惊醒虫子的意思，只是表示蛰伏的虫子醒过来爬到地面上了。这符合昆虫因温度升高而结束冬眠的道理。后因西汉汉文帝名叫刘启，为了避讳，才把"启蛰"改成了"惊蛰"。这一改，大家就顾名思义地以为是惊雷一声响把昆虫惊醒了。

虫子活跃如何防？

不论是农业上的病虫害，还是生活上的疾病，虫子都是重要的传播媒介。因此，到了惊蛰节气，各地会有不同的习俗，采取不同的措施杀虫。比如，在房前屋后撒石灰，将谷种、豆种、蔬菜种子放入锅中翻炒——"炒虫"，在家中四角插香熏以驱赶蛇、虫、蚊子、鼠并祛霉味等。"春杀一虫，胜过夏杀一千"，春天人们用各种方法防虫灭虫，消除隐患。

昆虫的行为受温度和湿度影响？

温度不仅能"催醒"昆虫，也在昆虫的生命周期中扮演着许多重要角色。以大家非常熟悉的蚊子为例，人类一些疾病就是通过蚊虫叮咬传播的，而"叮咬率"随温度、湿度变化非常敏感。

通常，气温达到10 ℃以上时，蚊子开始繁殖。气温达到25 ℃左右时，蚊子繁殖最旺盛。当气温达到27 ℃以上且湿度达到60% ~ 80%时，蚊子叮咬的活跃程度明显增加。根据"叮咬率"和气象要素的关系，建议大家尝试用纯天然的"气象武器"对付它。简单说就是，反其道而行之。除讲究卫生以消除蚊虫的滋生地外，你还可以设法人工营造一个降低蚊虫"叮咬率"的小气候环境来保护自己。既然低温时蚊虫不咬人，或者说它不喜欢活动，那么只要将环境温度降低到一定程度（26 ℃）以下，就可以明显降低"叮咬率"。在广东、深圳等南方城市工作、生活的人都有这种经验——尽管室外植被好，温度高、湿度大，蚊子到处飞，但当进入经过空调降温后的房间时，就不容易被叮咬了。当然，如果不考虑人体感受，把温度升高到一定程度（一般是36 ℃）以上，也能起到降低蚊虫"叮咬率"的效果。

随着气象服务精细化、生活化，针对蚊子等的气象敏感性，我们也能够做一些趋势预报，比如"蚊子出没指数预报"等。这种预报可以告知公众，某一个地方蚊虫的叮咬能力如何以及什么地区、什么时候蚊子开始活跃，以提醒公众加强防范。未来，类似"蚊子出没指数预报"这样的生态气象服务项目，将会在公共卫生、医疗保健方面逐步推广。

春分：春的中分点

　　春分时，太阳直射点在赤道，当天昼夜等分，此后太阳北移，故春分也称升分。分者，半也。一年中太阳两次直射在赤道上时分别为春分和秋分，也就是分别到了春、秋两季的中间，这两天的白昼和黑夜一样长。

平分春色的节气——春分？

　　说到秋分节气，我们会想到"平分秋色"，它描写的就是秋分这一天平分昼夜、平分秋季。其实，我们也可以把这个词里的"秋"字替换成"春"字，因为春分和秋分都是平分昼夜及其所在季节的。

　　春分和秋分节气前后，太阳高度角升降造成的地面辐射会发生变化，或者说是昼和夜的长度会发生变化。春分时，太阳直射赤道，随后开始向北移动，于是北半球的白天越来越长，夜晚越来越短，这种变化直接影响北半球接收太阳辐射的多寡。对于这种变化，低纬度近赤道的人感受不大，但高纬度地区的人感觉就很明显。

　　太阳辐射在地球上分布不均匀，从而驱动了大气环流。因此，太阳辐射多寡的变化影响着整个大气环流的分布模式。太阳直射位置向北移动时，北半球接收的热量会逐渐增加。所以当春分节气到来，北半球自南向北越来越暖和，暖湿气流越来越活跃，地面热力条件也越来越好，越来越有利于对流性天气发展。于是，春雷开始出现，天气逐渐变得活跃复杂起来。但是，从全年来看，春分还是一个相对适中平衡的节气，各方面的能量都很均衡。

春分为何一半送给艳阳天，一半送给沙尘暴？

3月，我国沙尘天气出现较频繁，甚至多于大风频繁的隆冬季节。大家可能会奇怪，春天万物生长、雨水增多，应该到处生机盎然、郁郁葱葱，怎么会有沙尘暴呢？冬天大风多，草木枯萎，土地没有植被保护，怎么反而沙尘暴偏少？

要解开这两个疑问，就要了解沙尘的形成原因。沙尘的成因分内因和外因。简单地说，内因是沙源，即要有能够被吹起来的物质。外因是大风，即要有能够将沙吹起来的力量。大范围沙尘天气过程的发生发展，总伴随着一次大尺度环流调整，即经向环流向纬向环流调整。比如"蒙古气旋"南下时，通常位于西伯利亚的冷空气会迅速自西北向东南影响我国。此时恰恰处在春季，且前期冬季雨水少，地表沙尘源丰富，当对流层低层处于强烈不稳定状态时，易造成大范围的沙尘天气。而在冬季，由于北方严寒，土壤和沙砾被冰冻，或者被雪覆盖了，缺少了内因，再大的寒潮大风也吹不起沙来，所以反而鲜有沙尘暴发生。

有分析认为，随着气候变暖，春季沙源区气温明显偏高，冻土层解冻后沙层松动，未来强沙尘天气过程发生频率可能会增加。

17

清明：诗意清，景色明

清明节气，吐故纳新、生气旺盛，万物皆洁齐，一片春和景明之象。清明节也称踏青节，是中国传统节日之一，也是重要的祭祀节日之一。

"清明时节雨纷纷"对吗？

清明，不仅是一个节气，更是一种文化概念。清明的美，是风光之美，也是文化之美。我国古代描写清明的诗句很多。广为人知的"清明时节雨纷纷"，描绘了江南晚春毛毛细雨中烟雨蒙蒙的感觉。但很多时候，清明前后，雨都下得比较大。南宋词人张炎所作的《朝中措·清明时节雨声哗》中"清明时节雨声哗。潮拥渡头沙"，呈现的就是完全不同的景象——清明时节，雨声响成一片，江水上涨，潮头淹没了渡口的沙滩。

那到底哪一种雨才合乎清明时节的气象规律呢？哪一种雨是反常的天气呢？其实，不同地域清明时节的降水表现是不一样的。就长江中下游地区而言，"清明时节雨纷纷"是正常情景，而"清明时节雨声哗"也可能出现。因为4月特别是月初的时候，主要雨带还在长江流域更南一些的地方，长江中下游地区刚刚受到主要雨带边缘的影响。

我国是季风气候，每年4—8月，主要雨带自南向北移动，然后再向南回落，呈现一个周期循环的过程。4月初正值华南前汛期，主要雨带位于华南，所以长江中下游地区下的是毛毛细雨。但如果这时西南季风的动向发生异常，强雨带提前抵达长江流域，或者季风没有到来之前，就已经有较强冷空气来袭，那么长江中下游地区就会出现较大的降水。

"雨纷纷"背后有什么魔力？

为什么长江流域特别是中下游地区4月初会"雨纷纷"呢？因为这个时节影响长江中下游地区的冷空气正在退却，南方暖湿气流正在向北推进，二者交汇便产生了降水。但是这个时期，如果没有较强冷空气，下垫面的热力条件也不好，那么是不利于形成强对流的，也就不容易引发强降水。这时形成降水的天气系统主要是气象专业上讲的"切变线"。

切变线是风场中具有气旋式切变的不连续线。天气学上把呈气旋性转变（北半球逆时针方向）的两股不同方向水平气流的分界线（曲率最大处连线）称为切变线，一般位于低空1500米或3000米左右。在切变线上，经常存在气流的水平辐合上升运动，容易产生云雨天气。切变线一年四季均可出现，但以春末夏初最为频繁。

冷式切变线	暖式切变线	准静止式切变线
↗ ↗ / ↙ ↙	↗ ↗ / ↙ ↙	↓↓ ↓↓ / ↑↑ ↑↑

切变线着眼于风场形势。切变线上出现风向切变产生的效应，好比高速行驶的汽车遇到了急转弯，怎么办？当然一定要降低车速。如果这时后面的车不能及时降速，就会发生追尾拥堵。切变线两侧风速不同，就好比前面的车开得慢，后面的开得快，于是后面的车会追尾上来。气流虽然是整体移动，但不是每个部分的速度都一样，"拥堵"也好，"追尾"也好，水平气流受阻，就形成了气流辐合堆积向上移动（对流），从而产生降雨。由于切变线两侧的温度差异不明显，仅仅有形成对流的动力条件，有利于强对流形成的热力条件却较弱，高层的冷空气势力也不强，那么此时产生的雨水强度就比较弱，雨下得就温柔婉约，如烟似雾。再加上切变线两侧冷暖气团势力都不强，持续一段时间缠绵在一起，使得降水系统南北摆动，就会造成时阴时雨的现象，雨水断断续续，绵绵不尽，这是"单纯"切变线降水的特征之一。没有高空强冷空气的助力，清明时节的切变线降水少了强对流天气的威猛暴躁，"细雨千丝不成点"，温柔地滋润着万物，给人们带来春天的惊喜。

切变线带来的这种喜欢摆动的转折性天气最考验预报员的能力，因为需要预报的地区常常就处在雨区边缘，降雨云系的走向飘忽不定，时阴时雨时晴，要想做出准确的预报有一定的难度。因此，虽然这种类型的降雨致灾性不一定强，但是如何准确预报降水出现的时间和地点却是个难题。

谷雨：告别春天，拥抱初夏

谷雨，即雨生百谷。谷雨节气到来时，寒潮天气就基本结束了，气温会加快回升。

清明断雪，谷雨断霜？

自古就有"清明断雪，谷雨断霜"的说法。谷雨是第六个节气，也是春季的最后一个节气，谷雨过后就进入夏季了。因此，谷雨是告别春天、拥抱夏天的大日子。

谷雨是播种移苗、埯瓜点豆和采茶的时节。《月令七十二候集解》中说："三月中，自雨水后，土膏脉动，今又雨其谷于水也。雨读作去声，如雨我公田之雨。盖谷以此时播种，自上而下也"。谷雨的字面意思正是"雨生百谷"，节气名就反映了它的农业气候意义，即此时降水明显增加，雨水促使谷类等作物生长发育，"谷雨栽上红薯秧，一棵能收一大筐"。

　　谷雨与雨水一样，都是反映春季降水现象的节气，但是谷雨和雨水也有不同。我国属于季风气候，到雨水节气时，降水开始增多；而到了谷雨节气，降水会变得更多。谷雨时降水变多与影响我国西南季风形成的雨带开始发威有关。4月，我国华南前汛期开始，西南季风逐渐成形，把南面海上的充沛水汽输送到内陆的能力更强了，于是整体上降水的强度逐步加大，雨带也开始由南向北推移。

　　谷雨节气还有一个特点就是气温升高，而且升幅很大，往往能达到20 ℃，甚至25 ℃以上。清明断雪，代表高层冷空气减弱，气温开始回升。谷雨断霜，表明近地层气温也大幅回升了。农作物生长最喜欢的就是雨热同季，雨水多、热量足对作物生长最有利。用农民的话来说，在雨热同期的地方，随便往地里撒把种子，就能自己长出苗来。谷雨时节就具备这种雨热同期的优势，所以它是农事上一个非常关键的时期。

温良去火谷雨茶？

谷雨分为三候——第一候萍始生，第二候鸣鸠拂其羽，第三候为戴胜降于桑。也就是说，谷雨后降雨量增多，浮萍开始生长，接着布谷鸟便开始提醒人们播种了，然后开始能在桑树上见到戴胜鸟。

谷雨节气是茶树生长的好时候。对茶树来说，这时温度适中、水汽充沛、日照不强，加上此前半年的休养生息，春梢芽叶肥硕、色泽翠绿、叶质柔软，富含多种维生素和氨基酸，所以春茶滋味特别鲜活、香气怡人。南方有谷雨摘茶习俗，传说喝了谷雨这天的茶能清火、辟邪、明目等。因为谷雨茶生长在气性温和的春季，所以有温良去火的功效。

谷雨节气后降雨增多，空气中的湿度加大。针对这种节气特点，谷雨期间康养的重点在祛湿。日常生活中，可以食用祛湿效果良好的食物，如赤豆、薏仁、山药、冬瓜、藕、海带、竹笋、鲫鱼、豆芽等。另外，要坚持适度的体育锻炼，促进新陈代谢，增加出汗量，排除体内的湿热之气，以达到与外界的平衡。

夏：副热带高压控制下的『风光不与四时同』

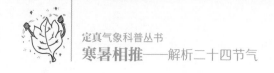

立夏：南国入夏，北国如春

按气候学的标准，当一个地方的日平均气温（全天多次温度观测值的平均）连续 5 天大于或等于 22 ℃，则以其对应的第一个大于或等于 22 ℃的日期作为夏季起始日。也就是说，只有当日平均气温稳定大于或等于 22 ℃时，夏季才算开始。然而，立夏节气时，一般只有福州到南岭一线以南地区能够达到气候学的立夏标准，进入夏季。对于全国大部分地区来说，这时的平均气温才 18 ~ 20 ℃，只是春日渐远、夏日将来。而东北和西北的部分地区此时才刚刚进入春季，可见南北温差之大。

立夏后，即使同一地区，气温波动也很频繁，一天之间早晚和正午的气温差别明显。同时，这段时间我国降水分布很不均衡，只有江南进入了雨季，华北、西北等地降水仍然不多。

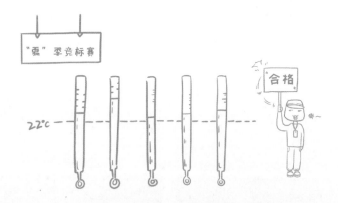

立夏会给农作物带来哪些影响？

"能插满月秧，不薅满月草"。立夏以后，江南正式进入雨季，雨量和雨日均明显增多，而这时正是大江南北早稻插秧的火红季节。如果这时出现最低气温较低且雨水连绵的天气，可能会导致作物遭受湿害，不利于农作物生长，还会引起多种病虫害流行。越冬茬瓜类、茄果类时常出现死秧现象，蔓枯、立枯、青枯病、霜霉、疫病也时有发生。所以，立夏后的江南雨季让当地农民很头疼。

华北、西北等地，立夏时节降水偏少，气温回升很快，加上春季多风使得蒸发强烈。大气干燥和土壤干旱会严重影响农作物的正常生长，尤其是小麦灌浆乳熟前后的干热风往往导致小麦减产。适时灌水是抗旱防灾的关键措施，因此，有"立夏麦咧嘴，不能缺了水"的农谚，亦有"立夏看夏"之说。

立夏对人体有什么影响？

立夏时节我国大部分地区平均气温在 18 ～ 20 ℃，天气逐渐炎热。虽说温度明显升高，但早晚仍比较凉，要适当添衣。

另外，立夏后，昼长夜短更加明显。此时应顺应自然界的变化，相对晚睡早起，适当午睡，以保证饱满的精神状态和充足的体力。此外，中医认为，暑易伤气，暑易入心。因此，在这个时节，人们应该顺应节气的变化，平和过渡到夏季，尤其要重视调养精神和保养心脏，多吃营养丰富、清淡的食品，可多喝牛奶，适当摄入一些瘦肉、蛋、鱼以及豆制品，既能补充营养，又能起到强心的作用。平常锻炼运动不宜过于剧烈，可选择相对平和的运动，保持神清气爽、心情愉快的状态，为安度酷暑做准备。

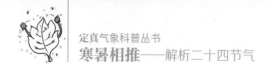

小满：希望在田野上

北方"满"指大麦和冬小麦等作物灌浆饱满；南方"满"则指雨水丰盈，小满江河满。

小满时，什么满？

小满是夏季的第二个节气。《月令七十二候集解》这样解释："四月中，小满者，物至于此小得盈满。"二十四节气是古时候的先人基于农业生产特别是农耕桑蚕之类的农事活动实践经验，总结出来的气候规律。从二十四节气的发源地而言，节气对应的基本都是黄河流域的气候和物候，所以小满指北方麦粒日渐饱满。"南风原头吹百草，草木丛深茅舍小。麦穗初齐稚子娇，桑叶正肥蚕食饱"。小满节气时，北方冬小麦之类的夏熟作物进入灌浆期，籽粒开始变得饱满，但只是小满，还未大满。

　　但是，从更广泛的节气意义上说，此时正值华南雨量激增而进入前汛期。因此，小满这个节气在南方是指江河渐满，正如南方俗语所说"小满大满，江满河满"。最初，二十四节气中确实有些节气与降水有关，但不包括小满。小满这个节气本身和降水是没有关系的，北方的农民也体会不到小满和雨水相关。但当节气被推广到南方后，人们在运用过程中，发现了一个新规律，即一到小满时节，雨水就多。于是，在南方，小满和雨水之间就有了对应关系。

小满撞上华南前汛期？

　　华南前汛期是指华南地区小满节气前后一个多雨的时段，这是气象科学家从气象科学的角度分析气候规律和形成原因以后，起的一个气象学名字。

　　汛期是指江河中由于流域内季节性降水、融冰、化雪，引起定时性水位上涨的时期。我国汛期主要由夏季暴雨和秋季连绵阴雨造成。全国各地汛期的起止时间并不相同，主要由当地的气候和降水情况决定。南方入汛时间较早，结束时间较晚；北方入汛时间较晚，结束时间较早。

　　为什么叫"前汛期"呢？这是相对于"主汛期"而言的，也就是指相对全国6—8月主汛期之前的汛期。华南的汛期在全国主汛期开始之前就拉开序幕了，例如珠江的整个汛期为4月中旬至9月，其中4—6月为前汛期，7—9月为后汛期，而5—7月为主汛期，大暴雨、特大暴雨天气集中在主汛期。小满节气处在整个汛期中比较靠前的时段。

　　小满节气，雨水比较多，对农作物生长比较有利。大部分作物喜欢雨热同季，因为既热量充足又雨水丰富，是作物丰收的保障。谚语"大

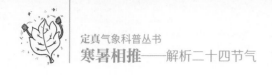

落大满，小落小满"的意思是，小满节气如果下大雨的话，雨水充足会带来丰收；如果雨水欠缺，则可能影响产量。因此，对农事活动来说，小满是一个非常关键的时期。但是，如果短期内雨强太大，又会造成一定的灾害，可能给大家的生产生活带来不少麻烦。所以小满的雨，下少了不行，下得太多也会让人烦恼。气象部门这时候一方面要对雨水做出准确的预测预报，另一方面要开始为即将到来的主汛期做好准备了。

芒种：芒种忙种，忙收忙种

芒种的"芒"是麦芒的"芒"，所以芒种是指麦类等有芒植物的收获。有些地方是小满时节麦已大满，但有些地方是小暑时节麦方大熟，时间跨度很大。芒种的"种"字，是指谷黍类作物播种。所以，"芒种"也称为"忙种"，表明一切作物都要"忙种"了，农民也称其为"忙着种"，让人一听就有农事繁忙的感觉。谚语"芒种芒种，连收带种"的意思就是"有芒的麦子快收，有芒的稻子快种"。这个节气的到来，意味着各地都进入了农忙季。

芒种到底"忙"些啥？

芒种节气开始的 6 月初，我国南方主汛期已经开始，雨量充沛，气温显著升高。在华北地区，芒种时节是大麦、小麦等有芒作物抢收最为急迫之时，也是晚谷、黍、稷等夏播作物播种最忙之时。谚语"芒

种忙，麦上场"，意思是到了芒种时节，华北地区小麦已经收割进入麦场了。小麦成熟期短，收获的时间性强，天气的变化对小麦最终产量的影响极大，所以种麦农民特别关心天气变化。民间有"收麦如救火，龙口把粮夺"的说法，意思就是这时要抢收、抢种，松土除草，搞好蕾期管理，防治病害虫、追肥。因此，芒种是一年中最忙的农事时节。

芒种还有一"忙"？

芒种时节还有一"忙"——高考，千万个考生家庭都在为高考而忙。高考期间的天气也是家长和同学们关心的问题，因为温度、湿度、气压等都对考生的情绪有直接影响，风雨雷电更是影响去考场的行程安排。对气象部门来说，高考天气预报已经成为和夏收夏种天气专题预报服务一样的重点服务内容。考生及家长事先掌握天气变化，显然有利于调整心情，做好应对准备。

从 1979 年起，高考时间固定在每年 7 月 7—9 日。为了降低高温天气和自然灾害对高考的不利影响，保证考生身心健康和提高考试质量，从 2003 年开始，高考改在每年 6 月 7—9 日举行。这是综合考虑了恶劣天气和气温等气象因素，特别是南方城市的最高气温的影响而做出的改变。比如在 7 月，南京高考学生面临的最高气温平均可达 32 ℃，而 6 月当地最高气温平均为 29 ℃。高考改在 6 月举行，显然有利于学生临场发挥。另外，7 月降水比 6 月多，强对流天气引发洪涝、泥石流的频率高，会给高考交通造成不便甚至不安全；而且 6 月我国大部分地区昼夜温差小、高温日数少，发生严重气象灾害的概率比较低。如此良苦用心，是不是值得历届考生们点赞了。

芒种过后梅雨"忙"？

芒种过后，黄淮平原也即将进入雨季。特别是随着副热带高压北抬稳定，长江中下游地区将先后进入"天无三日晴"的高温高湿梅雨季。梅雨季期间，雨日多、雨量大、日照少，体感闷热难熬，物品也极易发霉。与此同时，我国西南地区由于受到副热带高压西端的影响，偏南气流持续输送暖湿气流，也开始进入一年中的多雨季。除了青藏高原和黑龙江最北部的一些地区还没有真正进入夏季以外，大部分地区的人们都开始体验夏天的炎热了。

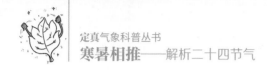

夏至：阳光落地，气温高扬

夏至，太阳运行至黄经90°，到达太阳北行的极致。这一天，北半球白天最长、夜晚最短。夏至节气，古人解释为：日北至，日长之至，日影短至，故曰夏至，至者，极也。意思是说，夏至太阳照射到最北，白昼时间最长，而圭表日影最短。古代汉语中"至"就是"最"的意思，所以叫夏至。夏至也是一个天气变化莫测的时节，"东边日出西边雨，道是无晴却有晴"反映的就是夏至节气期间的天气特点。

夏至地球离太阳最近吗？

说到夏至，你会不会认为，因为地球绕日的轨道是一个椭圆形，地球位于轨道上不同的点时，跟太阳的距离有远有近，所以地球离太阳最远端是冬至、最近端是夏至呢？

实际上，冬夏季节变化的原因不完全在于地球和太阳的距离变化，地球倾角的作用也至关重要。地球的地轴，相对于太阳轨道平面是倾斜的，不是垂直的，所以地球在绕太阳转的时候本身有个倾角。当运行到绕日轨道的一半时，如果太阳正好照射北半球的大部分，即太阳高度角比较高的时候，此时北半球就是夏季，南半球就是冬季。同样，当地球运行到绕日轨道的另一半时，太阳照射南半球的大部分，对于北半球来说，太阳高度角比较低，此时北半球就是冬季，而南半球则为夏季。在一年中，照射到北半球和南半球的阳光量随着地球绕太阳公转而不断变化——先是南半球向太阳倾斜，然后是北半球，这种循环促成了地球的季节变化。在北半球，太阳照射到最北、白昼时间最长时就到了夏至节气。

研究发现，如果地球的自转轴没有发生倾斜，就不会有季节变化，气温将随着纬度升高逐渐降低，高纬度地区变得异常寒冷。高纬度地区持续的冬天将使人类无法存活，人类很可能全部聚集到这颗星球的热带腹地生活。而在热带腹地，如果气候像刚果雨林那样潮湿，雨水会无休无止地侵蚀任何被清理出来用于耕作的土地，并滤掉植物根部的营养物质，迅速使耕地不再适于庄稼生长。于是，粮食安全问题会爆发，随之而来的就是饥饿、战争……

夏至太阳照射角度最大吗？

太阳高度角是指太阳光的入射方向和地平面之间的夹角，即某地太阳光线与通过该地与地心相连的地表切面的夹角。当太阳高度角为90°时，太阳辐射强度最大；当太阳斜射地面时，高度角变小，太阳辐射强度就小。夏至这一天，太阳照到它在北半球能照到的离赤道最远的地方，这时太阳高度角几乎成直角。正午，太阳高度角达到最大，到了这个位置以后，太阳就要开始往回落了，也就是往南半球走，所以这一天北半球接收的太阳辐射是全年中最多的，也是时间最长的。这个节气之所以叫夏至，就是因为夏天在这一天到了极致，要往回退了，"昼晷已云极，宵漏自此长"。

夏至为什么多发"太阳雨"？

在夏至期间的这种气候背景下，地面接收到的太阳辐射非常充足，热量也很多，这除了会导致高温天气外，还会导致空气对流旺盛，午后至傍晚常出现雷雨大风天气。对流性天气往往是一种小尺度的天气，发生范围很小，所以会带来"东边日出西边雨"的现象。这种天气在南方更常见，人们把它叫作"太阳雨"。有时，一街之隔就有可能晴雨相异。这种分布不均、历时短暂的降雨也被称为"牛背雨"，正所谓"夏雨隔牛背，鸟湿半边翅"。对流性天气的整个降水云团虽然发展得很快，雨强也比较大，但个头却比较小，所以影响面不大。而别的季节多发生层状云降水，这种降水面积大，且下的时间比较长。对流性降水和层状云降水性格完全不同，"太阳雨"或"牛背雨"是夏季天气的一个性格特点。

东边日出，西边雨

小暑：告别"黄梅雨"，预热"桑拿天"

小暑的暑，表示炎热。"小暑"这个名字，意指此时天气已开始炎热，但还没到最热，所以叫小暑。

小暑来临意味着要进入炎炎夏日了？

出梅入伏，防暑降温，唱响了小暑的主旋律。民间有"小暑过，一日热三分"的说法。小暑是炎热时节的开端，这在全国大部分地区基本相同，但地区间也存在一些差异。小暑时节，我国南方地区平均气温一般为 33 ℃左右；华南、东南低海拔河谷地区 7 月中旬已开始出现较高气温，日平均气温高于 30 ℃，日最高气温高于 35 ℃；西北高原北部的气温却并不高，仅相当于华南初春时节。但总体来看，随着小暑节气的来临，全国范围内凉爽天气都不多见了。

小暑节气我国雨带发生了哪些变化？

小暑节气，我国降水形势主要会发生四种变化。第一，在正常情况下，7 月上旬后，江淮流域梅雨自南向北陆续结束，锋面雨带移至华北地区，江淮流域进入高温少雨的伏旱天气。这时，体态大、势力强的副热带高压开始北抬，当西太平洋副热带高压脊线（等压面类似山脊，高压脊中各等压线弯曲最大处的连线叫脊线）进一步北跳，越过北纬 25° 时，梅雨期结束，长江流域进入伏旱期，多连晴高温天气，盛夏开始。第二，来自太平洋的东南季风给东部淮河、秦岭一线以北的广大地区带来了雨季。第三，登陆我国的热带气旋，也就是台风开始增多，降水明显增加，且雨量比较集中。第四，华南、西南、青藏高原处于我国南海和印度洋的西南季风雨季中。

小暑节气的标志就是"出梅"和"入伏"，即长江中下游梅雨季终结，伏旱天气开始。因此，小暑后这些地区应特别注意抗旱和防暑降温。

为什么会"小暑一声雷，倒转做黄梅"？

到了 7 月初，按道理随着副热带高压的北跳，江淮流域梅雨就要结束了。但在有些年份，梅雨过去以后，北方冷空气势力仍然比较强，已经北跳的副热带高压又开始南落并稳定下来。那么副热带高压南落过程中遇到冷空气强烈交汇，交界的区域便会出现锋面降雨。雷雨的出现意味着冷暖空气还都有一定的势力，将在这一带僵持一段时间，因此雨带可能还要在长江中下游停滞一段时间，这种"出梅"以后再次出现的连续降水天气被称为"倒黄梅"。"小暑一声雷，倒转做黄梅"说的就是小暑时节出现的这种现象。

防暑降温养护身体要注意什么？

由于副热带高压控制区域气温高、湿度大，民间有"小暑大暑，上蒸下煮"之说。俗话说"热在三伏"，此时正是伏天的开始。所以，从小暑开始就要做好进入桑拿天的充分准备了。小暑虽不是一年中最炎热的，但紧接着是一年中最热的大暑，如果小暑时节不注意防暑养生，消耗了过多的体力和能量，到了大暑就更吃不消了。

小暑养生，宜以防暑降温为主。高温时段，尽量减少外出，若外出，应采取防护措施。饮食宜清淡，适当吃些苦瓜、冬瓜、茄子等清热的新鲜蔬菜，多喝莲子粥、绿豆汤、薏仁粥等解暑饮品。生活和工作都要注意劳逸结合，少动多静，平心静气，规律睡眠，不要熬夜，安然度夏。

小暑养生

大暑：热浪凶猛，长纳阴凉

大暑节气这段时间，应该是一年当中最热的时段，烈阳如火、蝉鸣聒噪，比较难熬。

大暑节气除了热，还有哪些"副作用"？

大暑，顾名思义就是暑热程度达到最高的时候，也是全年温度最高的时候，一般位于三伏天的中伏。大暑的炎热更胜小暑，35 ℃的高温司空见惯，40 ℃的酷热也时常出现。

大暑节气期间，南方特别是长江流域由副热带高压控制，云少辐射强，加上副热带高压内部下沉气流有增温效应且湿度大，天气呈现气温高、湿度大、昼夜温差小、风小等特征，是一年中最闷热难熬的时期。副热带高压强盛时，甚至可以进一步向西推进，控制我国西南地区的东部。在副热带高压控制的区域内，地面白天从太阳光吸收的热量大于夜间散失的热量。因此，虽然不能说全国步调统一，但大暑期间，基本上各地积累的热量都达到了峰值，气温居高不下。

这时，华北一带已经进入俗称"七下八上"（即7月下旬至8月上旬）的主汛期，是华北一年中降水最多的时段，强对流天气最多，湿度大，再加上气温高，可以说"上蒸下煮""桑拿天"是这个时段的标配。

大暑节气总体来说就是"暑"字当头。热，是这个时候起主导作用、影响面最广的不利天气因素。因为热，强对流灾害天气多发；因为热，会出现干旱；因为热，人体很容易感到不适，严重的会发生重症中暑，危及生命。

什么是中暑天气条件？

人体在酷暑下体温调节能力会遇到障碍，汗腺功能衰竭，而且大量出汗会导致电解质流失过多，这时就容易发生中暑事件。

早在 20 世纪 90 年代，气象部门就已经开展了针对中暑的天气预报服务。研究发现，中暑和天气要素尤其是气温密切相关。当最高气温达到 39 ～ 40 ℃时，人并不会立刻中暑，但高温一旦持续发威，持续时间长达三天或以上，人体就受不了了。另外，如果人一整天都处在温度差非常小的高温环境里，早晚一样热，也会受不了。这时人体会出现对酷热的应激反应，产生中暑症状。基于这一研究，科研人员将最高气温的持续时间、湿度、气压、风力综合起来，制作了中暑预报的天气条件指数，针对先兆中暑、轻症中暑和重症中暑做出预警，并由气象部门和卫生部门共同面向公众发布，提醒公众注意防暑降温，及时躲避高温时段，避免中暑，保障健康。

中暑预报是根据不同人群（如性别、年龄、是否有基础性疾病等）的健康状况，细分条件做出来的，所以效果非常好，也是对社会很有用的一项气象服务。人们通常对中暑认识不足，认为中暑不是什么大事，休息一下就好了，有的人甚至不休息，以为中暑可自愈。在盛夏时节，如果人们的危机意识不够强，明知气温很高，还在户外或没有空调的闷热室内劳作，不采取充分的降温措施，这是很危险的。万一中暑，严重的话可能危及生命。有了中暑天气条件预报后，无论是单位还是个人，都可以提前做好高温下的劳动保护，减少因酷暑造成的伤害。

秋：干冷气团扩张下的
『山明水净夜来霜』

立秋:"早""晚"立秋不同天

"秋"是禾谷成熟的意思。到了立秋,北方气温由最高逐渐下降。中医将立秋起至秋分前这段时期称为"长夏"。

"早""晚"立秋怎么分?

农谚有云:"早立秋凉飕飕,晚立秋热死牛。"那么,早立秋、晚立秋要如何判别呢?

一种说法认为,根据立秋所在一天当中的早晚,以进入立秋的具体时间点来区分——上午立秋就是早立秋,下午立秋就是晚立秋。进而依此推论,如果上午立秋则预示着进入秋季时天气凉爽,如果下午立秋则预示着进入秋季后天气还要热上一阵。显然,用一天中上午还是下午立秋来判断随后的气温高低,在气象学上是难以成立的,统计数据也不支持这种说法。比如有人用国家气候中心 2009—2017 年从立秋到 8 月底的平均气温做统计,可以发现,在这 9 年中,2014 年(下午立秋年)气温偏低 0.2 ℃,而 2016 年(上午立秋年)则偏高 1.4 ℃。可见,一天中的立秋时刻早晚和随后的天气炎热与否并没有太大关系。

还有一种说法是根据立秋的日期早晚来判别。阳历上是 8 月初立秋,对应到农历上,则一般是七月立秋,但也可能在农历六月立秋。如果是农历六月立秋,那么就算提早了,叫早立秋。而如果是农历七月立秋,那么算晚一些,就是晚立秋。

节气是根据太阳与地球之间的相对位置关系确定的,阳历又是按地球绕太阳的公转制定的，所以每一个节气在阳历中的时间是固定的。立秋所在8月初，同一个地方每年的气温不会相差太多。但是，农历并不是单纯根据太阳与地球的关系制定的，所以节气在农历中的时间并不固定，立秋时间的早晚，前后能相差一个月。因此，以立秋日期的早晚来区分早立秋和晚立秋，是"靠谱"的。

依此看来，"早立秋凉飕飕，晚立秋热死牛"实则是在用早立秋和晚立秋来判断当年农历七月的冷热。如果"早立秋"，也就是农历六月就立秋的话，那么到了农历七月，阳历已经是8月末9月初，所以这一年的农历七月就是凉意袭人。而如果"晚立秋"，也就是农历七月才立秋的话，那么这一年的农历七月对应的正是阳历的8月初，恰逢三伏天，热是必然的。因此，这句农谚完整准确表达应该是"早立秋，农历七月凉飕飕；晚立秋，农历七月热死牛"。

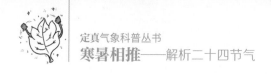

问题出在"农历"上？

　　我国传统农历是阴阳合历。阴历的月长度依据月亮的一次月相变化周期制定，因此农历中一个月的平均长度为 29.53 天。但是，阳历的年长度是依据太阳的回归年长度制定，一个太阳回归年的长度为 365.24 天。如此一来，农历的 12 个月和阳历的一年之间便有了时间差——一年还剩十多天才过完，但 12 个月已经过完了。于是，每隔几年，一年中就会山现 1 个月左右的空缺。这只能用置闰的方法来解决，也就是在 12 个月之外再加 1 个月作为闰月。但是，置闰只能勉强解决时间差的问题，解决不了农历中月与季节有时不能吻合的问题。

　　所谓的"早立秋凉飕飕，晚立秋热死牛"的区别，实际上就是这种不吻合造成的。农历七月是约定俗成的秋季，但阳历的立秋才是秋季的开始。这两个时间点如果不能对应上，就会给人一种"立秋有早晚之分"的错觉。可见人们总结出的"早立秋凉飕飕，晚立秋热死牛"的农谚是合乎自然规律的，其目的可能就是为了避免直接用农历指导农时带来错误。

地球上所见月相

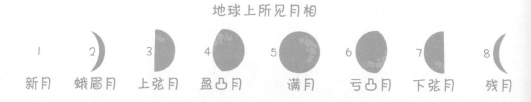

1	2	3	4	5	6	7	8
新月	蛾眉月	上弦月	盈凸月	满月	亏凸月	下弦月	残月

处暑：慢慢走远的夏天

处暑节气到来时，可以明显感觉到太阳开始偏南了。"处"含有躲藏、终止意思，"处暑"表示暑热的结束。

处暑就是酷暑的终结？

"云天收夏色，木叶动秋声。"人们都说，处暑节气到了，就意味着天气逐渐转凉，随之而来的就是秋风送爽的天气了。事实真是如此吗？

从太阳辐射的角度来说，的确如此。处暑节气时，太阳直射点已经由"夏至"那天的北纬23°26′，向南移动到北纬11°28′。北半球的人们可以明显感觉这种变化。之后，随着太阳高度角继续降低，北半球接收的太阳辐射也继续减少，气温逐渐下降。所以，处暑确实是一个反映气温变化的节气，表示炎热的暑天结束了，凉爽的秋天到了。

然而，从人们的切身体验来说，这时盛夏的酷热还牢牢占据着天气的主场。自古以来的经验表明，在处暑时节，许多地区特别是南方地区，高温天气还会掀起一波又一波的"热潮"，也就是大家说的"秋老虎"。

"秋老虎"从哪来？

夏季出现高温的主要原因是我国上空由西太平洋副热带高压控制。在正常年份，进入处暑意味着我国许多地区陆续开始由夏季向秋季转换，但如果此时西太平洋副热带高压不能利索地离开，那么我国的高温天气就不能彻底终结。

处暑时节，虽说西太平洋副热带高压正在大步南撤，但它并不总是循规蹈矩、按部就班地退到西太平洋上。有时候，西太平洋副热带高压逐步南移后，由于北方来的冷空气较弱或者有台风在南面托顶等原因，它会再次向北抬，再次控制原本已经逐渐凉爽的地区，导致炎热重新占据"原来的地盘"。这种杀回马枪的高温就是"秋老虎"，一般发生在 8 月和 9 月之交。

为什么"七月八月看巧云"？

我国民间向来有处暑节气"七月八月看巧云"的说法。处暑之后，虽然还会出现"秋老虎"，但暑气毕竟渐渐消散了。此时，华北地区会出现一种奇妙的天气形势：副热带高压尚未走远，蒙古冷高压已经开始跃跃欲试、小露锋芒，所以这时近地面的暖湿气流迅速南移，但高空气流移动较为缓慢。于是，蒙古冷高压带来的干燥冷空气形成下沉气流，抑制了从地面向上升起的对流云的发展。也就是说，天上的云就变少了，不再像夏天那样一团一团棉花似的浮在空中，而是天气晴朗，云疏散自如地丝丝缕缕飘在天上，形成一年之中最美好、最舒适的天高云淡的天气。

从全国范围来看，处暑期间，真正进入秋季的只是东北和西北地区。长江中下游地区往往在"秋老虎"天气结束后，才会迎来秋高气爽的好时节。

处暑节气的天气特征非常复杂。江淮地区暖湿气流往往还很强盛，没那么容易被南下的北方冷空气推走。两种气流交锋僵持，还可能带来较大的降水过程。古人对此留下的许多谚语颇有实用价值，仍然能够指导人们度过这个季节交替的节气。如"立秋处暑天气凉""一场秋雨一场凉""立秋三场雨，麻布扇子高搁起"等，都是对处暑时节天气变化的直观描述。

处暑期间能够感觉到的气候特点是白天热、早晚凉、昼夜温差大，降水少、空气湿度低。因此，处暑养生当以"避暑气，防秋燥"为主，饮食侧重滋阴润燥、益气保健。

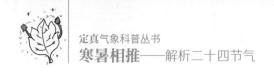

·白露：蒹葭苍苍，气温骤降

白露节气，气温渐凉，昼夜温差开始增大，水汽会在地面或近地物体上凝结成水珠。《月令七十二候集解》中说："秋属金，金色白，阴气渐重，露凝而白也。"

"白露"这个意象已经随着《诗经》的《蒹葭》一诗根植在中国人心中。"蒹葭苍苍，白露为霜，所谓伊人，在水一方"描绘出灵动婉约的画面，传达出细腻浪漫的情思——初秋河岸上，芦苇繁茂而苍翠，苇叶上凝结着色白如霜的露水，歌者心中怀念的人，就在河水的某处徜徉。但是这里的白露，并非节气，而是指凝结在叶面上的露水。到了白露节气，露水就开始出现了。

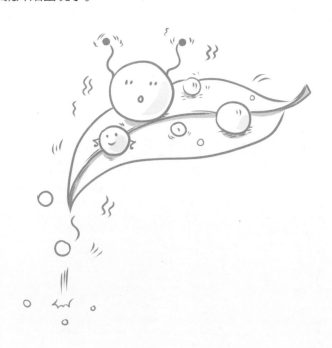

白露节气昼夜温差最大？

　　白露节气最主要的天气特点是昼夜温差明显。白露是秋季的第三个节气，冷空气自北向南袭来，气温下降速度加快。北方地区降水明显减少，秋高气爽，比较干燥，万里无云，有利于地面热量辐射逃逸出去，夜里近地层降温明显，白天和晚上的温度差异加大。由于白天气温高，饱和水汽压增大，空气中水汽含量也大。太阳一下山，气温很快下降，到了夜间，空气中的水汽便在植物或者其他物体表面遇冷，凝结为小水珠，这便是气象上所说的露。露呈白色，日出后，阳光照在这些凝结的小水珠上，使之看上去更加晶莹剔透、洁白无瑕，因此这个节气被称为"白露"。白露是反映自然界气温变化的节令，用天气现象"露"来命名这个节气，是因为露是白露节气后才会出现的一种自然现象。露珠的出现，说明天气开始转凉了，也就是说，凉爽的秋天正式到来了。

　　处于夏秋之交的白露，昼夜温差常超过 10 ℃，是昼夜温差最大的节气。人们最直观的感受就是夜间气温明显下降。

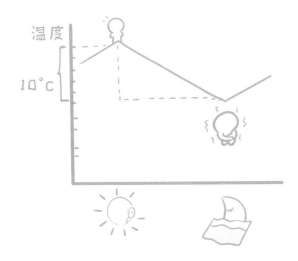

为什么"白露身不露"？

昼夜温差大，最低温度偏低，最容易着凉诱发感冒。谚语中有"白露身不露"的说法，提倡白露节气以后着装上就不适合再穿着露胳膊露腿的短衣短裤，应该及时添加衣被。在温度较低的环境下，体质较弱人群更不能进食冰冷的食物，以免导致身体机能紊乱，对身体造成伤害。

当然，白露节气也会给人体健康带来一些益处。俗话说"喝了白露水，蚊子闭了嘴"，骚扰了人们一夏天的蚊子在白露后就要慢慢消失了，蚊虫叮咬的烦恼减少了，疾病传染的危险也降低了。

白露节气对农事活动有什么影响？

进入白露节气，无论南北，大部分地区夏季风都逐步被冬季风取代。"白露秋风夜，一夜凉一夜"。这时的长江中下游地区则在冷暖空气互动或偶尔遇到的秋台风天气的影响下，开始呈现"一场秋雨一场寒"的景象，阴雨连绵，持续降温。西南地区东部、华南和华西地区也往往出现连阴雨天气。低温阴雨天气增多，十分不利于南方的水稻、蔬菜等作物生长，特别不利于晚稻抽穗扬花，也影响中稻的收割和翻晒。所以，农民们并不喜欢白露时的阴雨天，更希望看到晴朗的大太阳，农谚有"白露天气晴，谷米白如银"的说法。

不过，有一些特定的农产品在白露后味道会变得更好，更适宜食用。比如南方的"白露茶"，就是在白露节气之后采收的茶叶，据说比春茶和夏茶味道更好。

秋分：被平分的不只秋色

秋分，太阳到达黄经180°（秋分点），直射地球赤道，昼夜等分。秋分是传统的祭月节，中秋节即源自传统的祭月节。

秋分"雷始收声"？

秋分，是二十四节气中的第十六个节气。前文已经讲过，春分，分者，半也。秋分的"分"也是意味着"对半分"。秋分这一天，太阳直射地球赤道，全球昼夜平分，各12小时，是真正的"中秋"，可谓"平分秋色"。正如宋朝李朴《中秋》诗所云："平分秋色一轮满，长伴云衢千里明。"古代民间观念认为，农历八月十五月圆中秋是秋季的中分时令。实际上，秋分才是。所以，官方祭祀月神的仪式一直在秋分当天举行，称为"夕月"。

秋分与春分都是古人较早确立的节气。《春秋繁露·阴阳出入上下篇》云："秋分者，阴阳相伴也，故昼夜均而寒暑平。"强调的是节气与气候、物候、农事之间的联系，一个节气正好15天，便分成三候，一候即五天。三候的每一候都有不同的气象或物候特征，所以又能代表它所属节气的一个变化。春分和秋分是平分春秋两季的，彼此还有一些呼应的关系。比如说，春分第二候是"雷乃发声"，意思是这时候开始能听到雷声，出现雷雨天气；秋分的第一候则是"雷始收声"，意思是此后再也听不到雷声，雷雨天气绝迹了。这就是春分和秋分在季节气候变化上的互相对应。

秋分的"雷始收声"，是大气环流季节性调整导致的。秋季的中期，北方冷空气和南方暖湿气流僵持对垒的态势已经转变为冷空气实力强于暖湿气流，暖湿气流"没有力气"了，只能步步南退。我国大部分地区被冷空气占据，相对干冷的气团中的下沉气流也不利于对流发展，所以不再容易产生剧烈雷电天气。也就是说到了秋季中期，强对流天气减少了，雷雨也越来越少，直至消失。

秋分的第二候是蛰虫坏户，就是指小虫子躲在地里面，用泥土搭一个窝躲起来，准备冬眠。这意味着时令渐入深秋，冷空气开始发威，驱使这些昆虫的生物钟进入了冬眠的倒计时。所以，秋分第二候的表征是冷空气逐渐加强。

"天高云淡"水始涸？

秋分第三候的物候现象是水始涸，即水体开始收缩，江河湖泊水位下降。秋季，我国大部分地区由单一的大陆高压气团（也就是气象部门常说的冷高压）控制，对流弱，又没有冷暖空气交汇，所以大部分地区通常呈现"天高云淡""秋高气爽"的天气。云少，蒸发量大，秋风也会加速水汽的流失，导致地表水分入不敷出。因此，进入秋季后，地面上包括土壤中的水都会减少，容易出现秋旱，引起"水始涸"。

"多事之秋"？

我国南方地区立秋之后，湿热仍盛，依然是酷暑的感觉。民间将立秋到秋分这一段时间称为"长夏"。这是秋收、秋耕、秋种的时期，抢收、抢种事最多，因此是一年中农事最忙的时期。同时，这也是最怕连阴雨来"多事"的关键时期，因为连阴雨会让即将到手的作物倒伏、霉烂等。在养生保健方面，到了秋分节气，随着干冷气团取得控制权，湿热天气趋于结束，南方迎来真正凉爽的秋天。秋分节气在白露与寒露之间，秋分之后早晚温差进一步加大，秋意渐浓。老人、儿童以及病弱者，尤其要及时添加衣物，注意保暖、防止着凉，如此才能安然度过"多事之秋"。

寒露：秋到此深，露从今寒

白露、寒露、霜降三个节气连缀起来，反映了水汽逐渐凝结的过程。寒露是气候从凉爽到寒冷的过渡节气。

寒露节气的气候特点是什么？

寒露，是指太阳到达黄经 195° 时，露气变寒了，即将凝华成霜。寒露和白露虽然说的都是露水的形态，但白露时气温只是有了下降的趋势，还达不到寒冷的程度，到了寒露，人们就真的能感觉到寒冷了。

从天气学意义上讲，寒露节气时，北半球冬季风强盛，北方的冷气团开始慢慢控制我国大部分地区。干冷气团下云量少，白天天气晴好，晚上降温快，所以这时最显著的特征就是气温日变化明显、温差变大，即夜里凉、白天暖。这也是极容易产生露珠的天气。

到了寒露节气，气温日较差的变化大成为养生上特别要注意的现象，特别是患有慢性疾病的人，免疫力低下，身体虚弱，更容易受气温变化的影响，应穿上合适的衣物，保持身体的温暖。

寒露节气时，在全国范围内，与上一个节气相比，降水的相态会发生变化，下雨会显著减少，在冷气团主导下，近地层气温降低，如果出现降水，往往下的就不是雨而是雪了。当来自北方的单一干冷气团开始处于统治性地位时，冷暖空气交汇机会减少，往往表现出来的现象就是降水减少。

南方地区面临着秋雨的考验？

10 月全国的降水量虽然呈下降趋势，但是南方地区却面临着秋雨的考验。一旦冷暖空气交汇，双方实力还能相持一段时间，就会出现连续的秋雨。秋雨带来的主要影响是阴雨天多、日照减少、气温下降。秋天正是农作物播种栽种的季节，长时间阴雨绵绵、气温下降，不但影响农作物生长，还可能导致成熟的秋粮发芽霉变。这种天气还会导致不成熟的农作物生长期延长，从而遭受冻害，秋季收成也就大打折扣。蔬菜、水果同样会受到秋雨的影响。长时间的光照不足将导致果实甜度不足、颜色暗淡，影响果蔬的品质。因此，在秋雨多发的地区，应尽量选择种植中早熟的农作物品种，并及时采摘和晾晒。

所谓"人误地一时，地误人一年"。到了寒露节气，全国大部均已入秋，各地农田都进入了秋收、秋种、秋管的高峰期，许多农事需加紧进行，否则会影响来年的收成。但是，由于我国地域跨度大，南北方不同区域对二十四节气时间点的把握是有差别的。比如黄淮流域有 "秋分早，霜降迟，寒露种麦正当时" 的谚语。也就是说，在这个区域，秋分时节播种小麦有些过早，霜降时节播种有些迟了，寒露时节播种最适宜。但稍微再往北一些，这个谚语就变成了"白露早，寒露迟，秋分种麦正经时"，因为越往北入秋越早，所以种麦需提前一个节气。

霜降：红叶几时有，经霜才如花

霜降节气含有天气渐冷、初霜出现的意思，北方树叶枯黄掉落，蛰虫逐渐进入冬眠状态。

霜降降霜吗？

"秋风萧瑟天气凉，草木摇落露为霜。"霜降这个时间点，一般来讲是黄河流域开始出现霜的时候。虽然节气名叫霜降，但霜不是降下的，而是空气中的水汽凝华（水汽跳过液态直接变成固态）成的。天气寒冷时，白天有太阳照射，气温升高，地表面的水分会不断蒸发，近地面水汽就飘浮在空中。到了夜晚，如果没有云，也没有风（深秋时节常常如此），强烈的辐射降温会使近地面冷空气堆积，地表面物体温度可能降低到 0 ℃以下。水汽遇到很低的温度会凝华形成白色结晶，这就是霜。

就全国平均而言，霜降是一年之中昼夜温差最大的时节。因为出霜最重要的条件是气温要足够低，所以霜降节气时天气已经非常冷了。在我国，从这时开始，自北向南，气温将进一步下降，先后开始出现霜的现象。霜降表示的是一种气候的状态，是一种天气特征。一般来讲，出现霜预示着气温已经比较低，如果气温继续降低，就有可能出现霜冻。

但是，气象学上并没有"霜降"的概念。气象部门会对霜这一天气现象做初霜预报和终霜预报，为公众特别是农业部门提供服务。一般把秋季出现的第一次霜称作早霜或初霜，而把第二年春季出现的最后一次霜称为晚霜或终霜。从初霜到终霜以外的时期，叫无霜期。一个地区无霜期长短，与当地农作物的生长期长短是联系在一起的。无霜期越长，生长期也越长。反之，无霜期越短，生长期也越短。海拔高的高原上霜期是非常长的，甚至能达到一百多天。但是在平原地区，基本上只有入秋后到开春这一时段才会出现结霜现象。

霜是不是霜冻？

气象学中的霜，是指大气中的水汽在 0 ℃以下凝华成白色冰晶的现象。霜未必会对农作物造成危害，但霜冻则会危害农作物。霜冻是一种短时间低温灾害，一般发生在冬春和秋冬之交的农作物活跃生长期，发生时土壤或植物表面及近地面空气层温度骤降到 0 ℃或 0 ℃以下。气温骤降容易冻坏农作物，因此霜冻被称为"秋季杀手"。不同类型、品种的农作物，抗霜冻的能力不同，甚至同一作物品种由于播种期不同，受霜冻危害后的情况也不相同。霜冻主要危害尚未成熟的玉米、棉花、

水稻等秋收作物和露天蔬菜以及果树。初霜冻危害更大，因为初霜冻出现时，农作物往往还未成熟，抗寒能力更差。

霜冻虽然可怕，但有霜的季节有时也会为我们描绘出绚丽的秋色。"霜叶红于二月花"，正是霜为我们带来的美景。在结霜的时令里，植物叶片中的叶绿素因低温被破坏殆尽，而花青素依然保存甚至还有增长，所以叶片会显得鲜红艳丽。经霜后，叶片更是红得耀眼，像花儿一样。所以，自古以来，深秋那漫山遍野的红叶便在诗歌中与霜结下了不解之缘。

霜遍布在草木蔬菜上，俗称"打霜"。经过霜打的蔬菜瓜果，如菠菜、冬瓜、柿子，吃起来味道特别鲜美。"露深花气冷，霜降蟹膏肥"，吃货们自然不舍得错过一年中"九雌十雄"吃大闸蟹的最佳时机。

冬··冬季风覆盖下『风定奇寒晚更凝』

立冬：饺子汤圆，暖暖过冬

立冬，"冬"是终了的意思，万物生发自此终了。冬季开始后，随着冷空气加强，气温下降速度加快，万物尽藏。农耕文明的规律是秋收冬藏，冬季是一个收缩敛藏的时机。过去，农民到了冬天也基本没有什么劳作，要农闲猫冬，纾解一年干农活积累下来的疲惫。所以，古代非常重视冬季的到来，以立冬为冬季的开始。

立冬，冬季风的转换？

"细雨升寒未有霜，庭前木叶半青黄。小春此去无多日，何处梅花一绽香。"同其他节气一样，对于我国大部分地区来说，立冬也并不是真正入冬。春夏秋冬，周而复始，我国季节的变化，在大气环流上主要表现为夏季风和冬季风的转换。年复一年，温暖湿润的天气从南向北开始，而寒冷干燥的天气从北向南开始。

在立冬节气中，初候水始冰，二候地始冻，三候雉入大水为蜃。这种物候变化在黄淮地区相对准确一点，其他地方相应的物候现象则会早一些或者晚一些出现。比如北京，冬季开始得比黄淮地区早，因为它的地理位置比黄淮地区偏北，更早受到冷空气影响，同样北京入夏也比黄淮地区晚一些。节气上到了立冬时，黄河以北早就寒风刺骨了，而黄河以南还感觉不到冬季的冷。气候学上，当地连续五天日平均气温降到10 ℃以下，才算入冬。黄河中下游地区立冬节气的气候刚好满足这个条件，但黄河以南地区尚不满足。也就是说，虽然立冬这个节气的日期是相对固定的，但真正入冬的日子，是自北向南逐步达到的。

连续五天日平均气温降到10℃以下

正式入冬

立冬不管华南？

　　华南一带，很多人的感受是全年彻底没有冬天。也就是说，在华南地区，虽然立冬节气仍然存在，但并没有气象意义上的"冬天"。从气象要素上看，通过查阅这些地区的年平均气温，确实能够发现，特别靠南的地方比如厦门、三亚、大理等没有出现过天气学意义上的冬天，即使是广州也并非年年都出现。当然，这些地方很可能会有一两天特别冷，但没办法把地方日平均气温拉低到足以连续五天都达到 10 ℃以下。所以，那特别冷的一两天并不是气象意义上的冬天。

　　对于冷，我们不能忽略南北方人不同的感觉，华南的冷跟北方的冷不一样。这里的不一样指体感温度不一样。同样是 10 ℃左右的温度，在北方人们感觉还不算冷，在华南就完全是冬天的寒冷了。造成这种体感差别的原因在于空气湿度。空气湿度大，意味着空气中水分含量大。

水的热传导性高于干燥的空气，人体比空气温度高，所以人们在潮湿的空气中会损失更多热量，而且这种热量的消耗是持续不断的。也就是说，同样是10 ℃左右的温度，在湿度较大的南方地区，人体一直在"被降温"，当然就感觉越来越冷了。在广州和香港，当气温低于12 ℃时，就要发布类似"寒冷预报"了。这对于北方人来说显然难以理解，但是如果北方人真的薄衣轻衫到了气温低于12 ℃的南方，就会后悔没有带上羽绒服了。

立冬节气是节日吗？

古代，立冬节气是被当成一个节日来过的。古人认为，冬季到来，气候转寒，阳气不足，阴气强盛，要补充足够的营养，保证身体阴阳调和，这样才能康泰无恙地度过严冬。因此，立冬有很多仪式，还有些饮食方面的传统习俗。这些都是为了表达祈求福佑、祈求平安的愿望。比如，很多地方立冬要吃汤圆，汤圆香甜，汤水暖和，吃上一碗，既能帮助人们防寒御寒，又寓意团团圆圆，来年有好兆头。

小雪：雪花初来，心花盛开

小雪节气的到来，意味着开始降雪，但雪量不大——小者未盛之辞也。古人认为此时阴气下降、阳气上升，而致天地不通、阴阳不交，万物失去生机。

小雪节气一定会下雪吗？

一提到雪，很多朋友都特别兴奋，马上联想到银装素裹、冰天雪地的童话世界。那么，小雪这个节气的到来是不是意味着初雪将至，诗情画意的雪天就要来临了呢？这个节气又有哪些特点呢？无论是北方还是南方，到了小雪节气，天气都开始寒冷起来了吗？

小雪是冬季的第二个节气，是反映天气现象的节令。黄河中下游平均初雪期基本与小雪节令一致。进入该节气，我国黄河以北地区气温逐渐降到 0 ℃以下，高空中的水滴变成了冰晶，形成了雪花。但由于这时近地面大气层中还保存着比较多的热量，还不够寒冷，所以这时的雪常常是半冻半融状态——气象上称为湿雪，有时还会雨雪同降——气象上称为雨夹雪。虽开始降雪，但一般雪量较小，并且夜冻昼化，故称小雪。与此同时，南方地区的北部已呈现"荷尽已无擎雨盖，菊残犹有傲霜枝"的初冬景象，也开始进入冬季。

到了小雪节气，北半球东亚地区的大气环流形势已经相当稳定，西伯利亚地区常有低压气旋或低槽向东南移动，它们后部的偏北气流带着大规模的冷空气南下，并伴随出现大范围大风降温天气。因此，小雪节气寒潮和强冷空气活动较频繁。如果此时冷空气势力较强，暖湿气流又

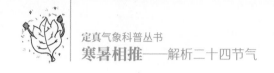
比较活跃，充足的水汽和有利于对流发展的能量都将增加降水的强度，有可能下起大雪。

小雪节气会给农事活动带来哪些影响？

黄河中下游的华北地区冬季降水较少，此时下雪不仅能够抗旱，积雪对作物还有保暖作用，有利于促进土壤中的有机物分解，增强土壤肥力，同时可以冻死一些病菌和害虫，减少来年的病虫害。因此，农谚道"小雪雪满天，来年必丰年"，充分表达了农民朋友对小雪节气下瑞雪的赞扬和期盼。

在小雪节气初期，我国东北地区往往已是天寒地冻，土地差不多一个昼夜平均多冻结1厘米深，到小雪节气末便可能冻结1米多深，所以有"小雪地封严"的俗话。小雪之后，大小江河便陆续封冻。传统上，这时北方地区的农事活动就基本停歇了，进入了"猫冬"状态。但现在与过去不一样了，人们已经打破了旧习惯，利用冬闲时间大搞农副业生产、农家乐旅游。北方地区小雪节气以后，果农开始为果树修枝，以草秸编箔包扎株杆，以防果树受冻。小雪节气期间，长江中下游开始进入冬季，部分地区可见初霜，但初雪还未到来。这时要积极开展小麦、油菜的田间管理，并开始积肥。

由于强冷空气活动频繁，气温低，相对湿度小，空气较为干燥，小雪节气期间是流行性感冒的多发时节。除了合理增加衣物，注重保暖、增强锻炼外，人们还应多饮水，及时补充水分。饮食方面要荤素搭配，多吃蔬菜水果。此外，要保持充足的睡眠和良好的个人卫生。尤其应该注意的是，在流感高发期，尽量不要到人多拥挤、空气污浊的公共场所，注意佩戴口罩，避免交叉感染。

有诗情画意的节气？

虽然天气越来越寒冷了，但小雪这个节气的到来，还是带给人们很多期待。下雪，特别是初雪，是令人欣喜的。雪花本身拥有晶莹剔透的美丽风姿，并且象征着冰清玉洁、纯洁无瑕的品性，备受古人推崇，所以雪是文人墨客、高洁雅士笔下的寄情之物。古人留下了许多关于雪的诗句，可以说小雪是一个"诗情画意的节气"。雪，可以寄托送别的豪迈——"千里黄云白日曛，北风吹雁雪纷纷。莫愁前路无知己，天下谁人不识君"；也可以寄托思乡的惆怅——"风一更，雪一更，聒碎乡心梦不成，故园无此声"；更可以寄托人生无常的哲思——"人生到处知何似，应似飞鸿踏雪泥。泥上偶然留指爪，鸿飞那复计东西"。

据说，古人认为小雪节气之后，由于"天气上升，地气下降"导致"天地闭塞"，不适合追求功名利禄，便在这个时节偏向于修身养性。因此，小雪之后，古代文人雅士的生活便以读书、会友、赏雪、品诗为主。既有唐代的白居易问刘十九："绿蚁新醅酒，红泥小火炉。晚来天欲雪，能饮一杯无？"也有清代郑板桥赏山中雪后之景："晨起开门雪满山，雪晴云淡日光寒。檐流未滴梅花冻，一种清孤不等闲。"古人这种顺应天时、豁然达观的处世之道，也是小雪节气所蕴含的深刻哲理。

大雪：雪盛天寒，"冻"真格的

大雪，顾名思义，雪量大。《月令七十二候集解》："大者，盛也。至此而雪盛矣。"到了这个节气，气温显著下降，天气越发寒冷。

"小雪封地，大雪封河"？

一说到大雪节气，很多人马上就会想到"千里冰封，万里雪飘"的画面。民间也有"小雪封地，大雪封河"的说法。那么是不是到了大雪节气，天气更冷了，漫天鹅毛大雪的景象就要来了呢？

大雪和雨水、谷雨、小雪节气一样，都是反映降水的节气，是冬季的第三个节气，标志着仲冬时节正式开始。这一时期，天气更冷，降雪的可能性和降雪量都比小雪节气时更大了。

从天气形势来说，这时冬季风已经控制我国大部分地区，冷空气的势力达到高峰。能给我国大部分地区带来持续冷空气的东北冷涡既强又稳定，它就像一台不知疲倦且马力巨大的鼓风机，在高空不断将冷空气从北向南吹送。东北冷涡输送的强冷空气在东移南下过程中，与低层地面从海上吹来的暖湿气流相遇，冷暖空气交锋的地区便会出现锋面降雪。一般来说，冷空气势力越强，雪会下得越大，下雪的范围也会越广。大雪节气时，由于天气寒冷，喜欢鸣叫的寒号鸟也不再出声了，天寒地冻的时节已经到来，"雪压冬云白絮飞，万花纷谢一时稀"。

"白雪堆禾塘，明年谷满仓"？

人们常说"瑞雪兆丰年""白雪堆禾塘，明年谷满仓"，农民非常喜欢出现应时大雪。大雪节气时下的大雪，有利于缓解冬旱，冻死农田病虫。积雪覆盖大地，还可以保持地面及作物周围的温度，为农作物创造良好的越冬环境。积雪融化时又增加了土壤水分含量，可以满足作物春季生长的需要。雪水中氮化物的含量是普通雨水的 5 倍，有很好的肥田作用，所以民间有"今年麦盖三层被，来年枕着馒头睡"的农谚。大雪节气北方还会呈现一个特别欢乐的景象——堆雪人，打雪仗。

不过，下大雪也有弊端。降雪范围和雪量过大会对生产生活造成不便，甚至带来灾害。比如大雪会导致航班延误、公路交通事故和车道拥堵等。个别地区尤其是草原地区的暴雪还会对人畜安全造成威胁，被称为"白灾"。

万物冬藏，防寒保暖最重要？

民间素有"冬天进补，开春打虎"的谚语，所以大雪是"进补"的好时节。大雪节气天寒地冻，人们需要进补，增加营养，提高身体的抗寒能力。冬令进补能调节体内的物质代谢，使营养物质转化的能量最大限度地贮存于体内，有助于体内阳气的升发，提高人体的免疫功能，使畏寒的现象得到改善。此时适合温补助阳、补肾壮骨、养阴益精，饮食上可以根据自己身体状况进行调理。大雪节气前后，柑橘类水果大量上市，身体情况允许的话，多吃一些当季的水果也是有益的。

冬至：终即为始，四季轮回

冬至，是最早被制定确立的节气之一。根据北斗星斗柄的指向，斗指正北。冬至当天是北半球白昼最短的一天，阴极阳生，一阳来复。冬至祭天表达了中国人对天地自然的尊崇敬畏之情，以及为天下苍生祈求风调雨顺的愿望。

为什么冬至这天白昼最短呢？

民间有"吃了冬至饭，一天长一线"的谚语，这里的"线"是一个量词，形容的是一种非常微小的数量。这句谚语的意思是，冬至是一年中白昼最短的一天，过了这一天，白昼的时长会慢慢变长。因为在冬至这天，太阳运行至黄经270°，几乎直射南回归线，太阳直射地面的位置到达一年的最南端。因此，在北半球冬至日是全年正午太阳高度角最低的一天，也就是白天最短、黑夜最长的一天，并且越往北白昼越短、黑夜越长。在北极圈以北，这一天太阳整日都在地平线之下，成为北半球一年中极夜范围最广的一天。

冬至日只是"数九"的开始？

《月令七十二候集解》说："十一月中，终藏之气，至此而极也。""极"是极致的意思，一是说这一天太阳行至最南，所以白昼最短，夜晚最长；二是说阴寒达到极致，天气最冷。因此，冬至为"交九"日，有的地方称冬至为"头九"。我国北方地区最寒冷的"数九"天正是从冬至开始。

冬至这一天，太阳行至最南处，那么对于北半球的我们来说，冬至这一天应该是最冷的呀，过了冬至不是应该越来越暖了吗？为什么冬至日才只是一年中最寒冷的"数九"的开始呢？确实，如果把气温看作是单纯的太阳辐射的结果，那么冬至这一天太阳行至最南处，北半球太阳高度角最低，得到的太阳辐射最少，这一天应该是最冷的，过了这一天天气就要随着太阳高度角增大而变暖，但是事实却并非如此！

地面的温度是由太阳辐射到地表的热量和地表的散热量收支差所决定的。由于地球表面的大气和水汽能够储存相当多的热量，所以地表的热量并不是"即存即失"，温度的整体变化相对于太阳位置的变化有一定的滞后性。在经历了一段时间强烈的太阳辐射之后，存储在大气中的热量还能保持一段时间，而在经历了一段时间较弱的太阳辐射之后（冬至之前，太阳辐射已经变弱了一段时间），大气中的热量"存货"散失的比接收的多，这就造成冬至之后，虽然太阳高度角渐渐高起来了，但每天热量仍然"入不敷出"，气温一时无法回升，甚至继续降低。这是一个"积冷散热"的过程，所以冬至之后还有"冷在三九"之说。同样的道理，夏季最热的天，也并非出现在夏至，而是"热在三伏"。

冬至为什么最有节日"范儿"？

冬至是二十四节气中最早被订立的，既是节气，也是重要的传统节日，古称"长至节""冬节""亚岁节"等。古代黄河流域采用"圭表测影法"测定节气，以全年之中日影最长、日短至（白昼最短）这天为冬至日，排在二十四节气首位，被当作一年周期的真正起始点。所以，古人非常重视冬至这个节气，无论南方北方，都把冬至视为大节日，有"冬至大如年"的说法。当太阳运行至黄经270°时为冬至。冬至是"日行南至、往北复返"的转折点，是太阳回返的始点。自冬至起，太阳高度回升，白昼逐日增长。冬至标示着太阳往返运动进入新的循环。这是古时人们把冬至当作一年起始点的原因。需要指出的是，现在的二十四节气是根据太阳在黄道上的位置来确定的，该方法划分的节气，始于立春、终于大寒。

冬至可以算得上是二十四节气当中最有节日"范儿"的节气，我国许多地方都有过冬至节的传统。大部分地区的人们都会在冬至节这天吃些进补的东西，以抵御接下来的数九寒天。在二十四节气起源的中原地区，民间有"冬至不吃饺子会冻掉耳朵""冬至饺子夏至面"的说法。这些地方过春节，大年初一的第一顿饭也是吃饺子，可见人们对冬至节的重视程度。在江南水乡，冬至夜要吃赤豆糯米饭；在杭州，冬至喜吃年糕，有年年长高的寓意；在宁波，冬至吃番薯汤果，就是用番薯煮成甜汤，盛入小糯米丸子，有时还会加些酒酿；在苏州，冬至夜要畅饮冬酿桂花酒驱寒；在潮汕、闽南地区，冬至是团圆节，要吃汤圆祭祖；我国台湾也保留着冬至用九层糕祭祖的传统。自古以来，冬至这一天，在我国很多地区都有祭天祭祖的习俗，以及各种各样的民俗活动。

"夏尽秋分日，春生冬至时。"冬至节气，无论南方北方，无论饮食还是习俗文化，都和当地气候有关，都表达着人们对平安、健康、团圆的向往和祈愿。

小寒：本可为最，谦逊称"小"

小寒，"寒"即寒冷，"小"表示寒冷的程度。古人认为，小寒虽然非常寒冷，阴气趋极，但阳气已生。

明明叫小寒，却比大寒冷？

小寒是二十四节气中的倒数第二个节气，小寒之后紧跟着便是大寒。从节气名称上看，小寒似乎是表示这时的寒冷程度已经接近顶点，但还没有到顶，后面还有个最冷的大寒等着。但是气象部门的全国平均气温监测数据显示，最低气温的极端值大多数出现在小寒期间。这说明小寒时节反而比大寒时节更冷。当然，不同地区、不同年份，寒冷程度会不同。小寒对应全年最冷时期的现象在南方地区会更加明显。统计下雪的日数的话，以北京的历史资料来看，也是小寒节气下雪比大寒节气略多。

小寒大寒？顺序颠倒？

那么为什么小寒最冷，反而叫小寒，大寒没有小寒冷，反而叫大寒？古人是不是在气温的感觉上出了什么错误，颠倒了它们之间的顺序？

分析气象部门多年的气候数据可以发现，"三九"处于小寒之间，显然这个时段是全年气温最低的时候。而到了大寒，"三九"通常已经结束，进入"四九"了。对于北半球来说，此时太阳高度角也抬高了，太阳辐射逐渐加强，近地层温度逐渐上升，气候应该开始回春了。因此，从平均气温变化来看，小寒比大寒寒冷是成立的。

但是，二十四节气重在反映"节气的更换是物极必反"的规律和思想。也就是说，一种气候到了极致、开始另一种气候之时，方是一个节气的转换。那么，寒冷到了极致，紧接着就是开春，在这样的转折点上的节气才能被称为"寒冷到极致"的大寒，而不是将气温最低的节气命名为大寒。我们可以这样理解，古人并非选择了最低气温出现的静态的那一点命名大寒，而是选择了由冷转暖的动态的转折点。为了便于节气的记忆、应用和传播，在二十四节气构建之初，古人在气候客观规律的基础上，做了一些主观的取舍。

另外，节气是用来指导农耕活动的，在真正使用时，人们也会通过观察和实践来判断节气的适用性，对节气的排列做一些修正，比如用物候法，即通过观察物候来修正节气。举例而言，惊蛰和雨水这两个节气，曾经由于气候发生变化，降雨时节前时前后，几度互换过顺序。直到东汉，才确定为今天我们所看到的雨水在前、惊蛰在后。古代农民也早就意识到节气不是永远准确的。为了避免因节气不准而影响农事，他们又发明了"分耕法"或叫"分播法"，即分期播种，期望总有一期能够应季趋利避害。古人尚且如此，我们同样应该科学地看待和运用二十四节气。

我国是世界上同纬度最冷的国家吗？

冬季，严寒的亚洲内陆会形成一个冷性高气压，东方和南方的海洋上会相对形成一个暖性低气压，高气压区的空气会流向低气压区，导致我国冬季盛行寒冷的偏北和西北风。与同纬度其他能够受到来自海洋的相对暖湿气流"干扰"的地区相比，冬季，我国是世界上同纬度最冷的国家。分析 1 月平均气温发现，我国东北地区相对世界上同纬度其他地区平均气温要偏低 15 ～ 20 ℃，黄淮流域偏低 10 ～ 15 ℃，长江以南偏低 6 ～ 10 ℃，华南沿海偏低 5 ℃。

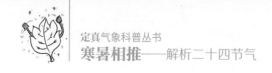
大寒：节气终点，预兆明春

大寒，寒气之逆极，故谓大寒。二十四节气中的最后一个节气叫作大寒，字面意思即一年中最寒冷的时段。自汉太初元年启用夏历（阴历）以来，过年确定为现在的正月，即寅月。

为什么"大寒不寒，春分不暖"？

大寒时，整个东亚地区高空被强西北风带控制，地面蒙古高压大大增强，强冷空气南下，造成我国冬季重要的天气过程——寒潮。寒潮暴发时常常伴有大风、强降温、大雪、冰冻、霜冻、冻雨等天气。一次强寒潮天气过程，往往会给农业、牧业、渔业、交通、电力等带来重大不利影响，对南方的影响更为显著。所以，大寒节气需要重点关注寒潮冷空气活动。

大寒节气时，若江淮、江汉（江苏中部、安徽中部、湖北大部）日最低气温达到 -5 ℃、阴雨日连续 3 天以上、24 小时降雪量超过 5 毫米，都会导致冻害、雪灾等常见灾害以及阴雨寡照等现象。冻害会让作物受冻或产生病害；连续 3 天以上的阴雨寡照易使作物发育缓慢、品质下降；24 小时降雪量超过 5 毫米，可能会引发雪灾，造成大棚受压垮塌。

民间有"大寒不寒，春分不暖"的说法，即如果大寒时节不冷，到了春分时天气也会不暖和。这句谚语反映的是季节推移现象。也就是说，如果在大寒这个该冷的节气天气不冷，那么可能这个"冷"就会推迟出现，春分时候天气就依然还处在冷的状态，尚未开始回暖。

类似的谚语还有"寒水枯，夏水枯"，即如果冬季雨水偏少，则夏季雨也偏少。那么这些谚语到底有没有道理呢？我们要引用"遥相关"的概念来分析。

什么是遥相关？

气候的遥相关，又称"大气遥相关"，是指某几种天气现象在时间上或者空间上"遥遥相关"，可以分为固定空间（同一个地点）的时间（不同时间）遥相关，固定时间（同一个时间）的空间（不同地点）遥相关以及不同时间、不同空间的时空遥相关。气候系统中存在着大量的大气遥相关现象，这些大气环流变化和异常在空间上可以相距遥远，在时间上可以同时或有先后。

譬如"小满不满，黄梅不管"反映的是小满与芒种节气之间的降雨量存在正相关关系——如果小满节气雨水偏少，则意味着芒种节气雨水也将偏少，或梅雨偏迟。这种正相关反应隔一段时间才出现，所以是"遥

相呼应"的相关。它反映的是一个气候规律时间序列上的变化。又如"邋遢冬至干净年"，即如果冬至有雨雪，那么春节应该是好天气。反之亦然，"干净冬至就是邋遢年"。

由于地球上的大气环流是环绕着地球运动的，某种意义上分不清谁是上游谁是下游，"牵一发而动全身"，所以天气气候上存在着大量的遥相关现象。比如，现在大家经常讨论的厄尔尼诺、拉尼娜、南方涛动等现象对于不同地区相隔一段时间的影响也存在着一些遥相关的表现。我们经常听说，厄尔尼诺事件发生后，次年会出现干旱、降水、台风等异常。南方涛动是指地面气压年际变化在东西方向呈跷跷板形势的现象，即当东南太平洋及南美地区出现气压正距平时，印度洋地区将出现气压负距平，反之亦然。当然，这种遥相关是一个概率问题，存在着许多不确定性。

在很多关于物候的谚语中，也隐含着遥相关现象，而且能够反映自然界存在的某些"规律性"的东西。人们可以根据由遥相关体现出来的"规律"，提前安排一年四季里的生活、工作。现在气候变暖了，常有人说季节好像都在推迟。当然，需要有持续一段时间的季节推迟的事实反复出现，我们才能下科学结论说季节确实推迟了。如果确实出现了这种变化，那么与它和节气上的遥相关的现象将有相应的适应。现在全球变暖，目前存在的遥相关关系未来也可能会改变，从而出现其他类似遥相关的现象。

二十四节气　放之四海而皆准吗

二十四节气并不是放之四海而皆准的！

二十四节气本身适用范围有限，不是放之四海而皆准的。它仅反映某一个区域气候规律的平均状况，这个平均状况最适用的地区是黄河中下游，其次是长江流域。因为这两个地区的古代农耕文化比较发达，所以对农耕相关经验的总结最丰富，也最重视利用天时地利趋利避害。

从全球气候来看，地球表面不同区域、不同纬度、不同海拔、不同地势、不同植被等接收的太阳辐射不同，于是分出了不同的气候带。假设地球是一个纯圆、表面光滑的球，没有太阳轨道影响，没有地球自转轴倾角，没有水和山，没有森林和沙漠，气候带将会沿着纬度方向平均分布，也就是形成东西向的一条条平行的带状分布。但是，实际情况显然并没有那么简单。因为地球倾斜，地球自转和海陆相互影响，再加上地球表面一些局地地形地势的干扰，地球上接收太阳辐射的分布情况非常复杂，以至于气流运动的分布五花八门。随着不同的气流循环输送的能量、热量、水汽更是千差万别。这使得不同区域的降水量、气温、物候等气候特征呈现出巨大的差别，甚至会出现一山有四季、十里不同天的奇特景象。

所以，气候带的分布只是总体上从赤道向两极由热到冷，但其具体表现则是千姿百态、变化多端。我国背靠世界上面积最大的大陆亚欧大陆，面向世界上面积最大的大洋太平洋，海陆热力差异显著，使得我国东部形成了典型的季风气候，自南向北依次为热带季风气候、亚热带季风气候和温带季风气候。西北部大多为温带大陆性气候。青藏高原为独特的高原山地气候。当然，这5个气候带也不是简单的纬向带状分布，不同气候带之间也呈现出明显的气候特征差异。比如海南岛，它是热带季风气候，干湿季分明；西藏则是高原山地气候，日照非常强，而且气温的日较差比较大，年较差又比较小。

相隔很远也能属于相同气候区？

相较于中国的气候，全球气候区域更大，又多了低纬度更热的地方和高纬度更冷的地方，所以更为复杂。世界主要气候类型有热带雨林气候、热带草原气候、热带季风气候、热带沙漠气候、亚热带季风气候、地中海气候、温带季风气候、温带大陆性气候、温带海洋性气候、亚寒带针叶林气候、苔原气候、冰原气候和高原山地气候。这些气候带的分布也不是均匀的，但属于相同气候带的地区，虽然可能相隔很远，气候特征却是相近的，这反映了一定的气候规律或者气象要素分布特征。所以各国相互引种经济作物时，首先要考虑的就是两地气候条件是否接近，否则，要么难以成活，要么品质会大打折扣。

地域差异虽然对气候有着极大影响，但各地气候之间依然有着空间或者时间上的关联。比如我国的雨季总是自南向北开始，寒潮则是自北向南席卷。各地居民早已总结出了当地的气候特征对应二十四节气的时间轴，并灵活对照二十四节气，将当地的农事活动或推迟或提早。这便形成了依然由二十四节气指导，又适合当地生产生活的规律方法。所以，尽管二十四节不能放之四海而皆准，但黄河中下游地区之外的其他地区仍然可以把二十四节气当作参照系来安排生产生活。因此，二十四节气是一套"时间知识体系及其实践"。这也是几千年来二十四节气在中华大地传承不息，成为中国人民劳动智慧的结晶和社会文化生活组成部分的重要原因。